食用菌栽培技术丛书

栗蘑栽培实用技术

吴尚军　贺国强　主编

中国农业大学出版社

·北　京·

内 容 简 介

本书重点介绍了栗蘑的生物学特性、菌种制备、菌棒制作、发菌管理、出菇管理、病虫害防治及产后加工技术。其中，涉及的诸多栽培技术要点是近几年在北京地区栽培新的发展情况。如书中所述的栗蘑反季节栽培、地栽草莓套种栗蘑等技术，都代表了最先进的技术成果。

图书在版编目(CIP)数据

栗蘑栽培实用技术/吴尚军，贺国强主编．—北京：中国农业大学出版社，2015.4

ISBN 978-7-5655-1206-3

Ⅰ.①栗… Ⅱ.①吴…②贺… Ⅲ.①蘑菇-蔬菜园艺 Ⅳ.①S646.1

中国版本图书馆 CIP 数据核字(2015)第 064732 号

书　　名　栗蘑栽培实用技术
作　　者　吴尚军　贺国强　主编

策划编辑　孙　勇　　**责任编辑**　韩元凤
封面设计　郑　川　　**责任校对**　王晓凤
出版发行　中国农业大学出版社
社　　址　北京市海淀区圆明园西路 2 号　　**邮政编码**　100193
电　　话　发行部 010-62818525，8625　　读者服务部 010-62732336
编辑部 010-62732617，2618　　出　版　部 010-62733440
网　　址　http://www.cau.edu.cn/caup　　**e-mail** cbsszs @ cau.edu.cn
经　　销　新华书店
印　　刷　北京时代华都印刷有限公司
版　　次　2015 年 4 月第 1 版　　2015 年 4 月第 1 次印刷
规　　格　880×1 230　　32 开本　　4.25 印张　　81 千字　　彩插 1
定　　价　12.00 元

主　编　吴尚军　贺国强

副主编　邓德江　胡晓艳

参　编　（按姓氏拼音排序）

池美娜　陈青君　高继海　刘瑞梅

李颂君　钱朝华　师迎春　王贺祥

徐明泽　赵海康

序

随着食用菌产业的健康发展和人民生活水平提高后对食用菌保健功能认识的提高,食用菌产品越来越受到大众的青睐。北京市有 2 000 多万人口,食用菌消费市场很大,需求的数量和品种也很多,北京及周边发展食用菌种植市场前景广阔。

2011 年北京成立了食用菌创新团队,对产业的发展起到了强有力的支撑作用。在这个平台支持下,岗位专家与综合试验站、田间学校工作站密切合作,开展了一系列食用菌高产试验,新品种、新技术试验示范以及新设施设备的引进利用,在对全市的食用菌进行反复调研的基础上,对先进技术进行了总结、归纳和提炼,针对全市的主要栽培菇种,编写了这套实用系列丛书,以供广大菇农学习参考。

北京市食用菌创新团队
2014 年 12 月

前　言

栗蘑因其自然生于栗树根部而得名。其子实体形似盛开的莲花，扇形菌盖重重叠叠，因而又名灰树花。栗蘑 20 世纪 40 年代，由日本人伊藤一雄（1940）和広江勇（1941）进行人类驯化、人工栽培。1965 年利用木屑（菌床）栽培栗蘑取得成功，1975 年正式投入商业性生产，20 世纪 80 年代初，日本开始人工规模化栽培栗蘑。我国在 20 世纪 80 年代初开始对栗蘑进行人工驯化栽培。河北省迁西县利用当地野生资源，考察当地野生栗蘑的生育条件，进行栗蘑的驯化，并取得成功，并于 1992 年创造了“栗蘑仿野生栽培法”。该法采用地沟小拱棚，菌棒进行覆土，在仿野生条件下出菇，栗蘑叶片分化好，单菇个体大，生物转化率最高可达 128.5%，适合我国的低成本生产模式。北京市于 20 世纪末引入栗蘑仿野生种植，在北部山区板栗林地取得了良好的经济效益。近几年广大食用菌工作者和种植者的不断研究和实践，使得栗蘑科学知识不断积累，种植技术不断创新。

本书重点介绍了栗蘑的生物学特性、菌种制备、菌棒制作、发菌管理、出菇管理、病虫害防治及产后加工技术。其中，涉及的诸多栽培技术要点是近几年在北京地区栽培新的发展情况。如书中所述的栗蘑反季节栽培、地栽草莓套种栗蘑等技术，都代表了最先进的技术成果。

本书的编写以实用性、指导性为原则。不单纯讲理论，更重要的是结合生产实践，达到深入浅出的目的。书中涉及的栗蘑理论知识及栽培技术等内容参考了栗蘑前期工作者的经验和论著，由于编写时间紧迫，加上编写人员水平有限，错误与疏忽之处在所难免，希望为广大菇农所用，去粗留精，因地制宜，合理取用。敬请同行与广大读者批评指正。

从事栗蘑研究和生产的种植者给本书提供大量资料和图片，在此表示衷心感谢！

编　者

2014 年 12 月

目　录

第一章 概 述

野生栗蘑常自然发生于栗树根部，因此而得名。又因其扇形菌盖重重叠叠，子实体形似盛开的莲花，因而又名莲花菌。日本人认为栗蘑形同舞女穿的舞裙，故名“舞茸”。

栗蘑(*Grifola frondosa*)有独特香气和口感，营养丰富，兼具保健和药用价值，不论鲜品、干品、软包装罐头或盐渍品，在国内、外市场上备受消费者青睐。随着人们对栗蘑药理价值的深入认识，市场对栗蘑的消费需求还将不断提高。据估测，相较于香港地区人均食用菌 4.8 kg 的消费水平，欧、美等发达国家人均 2～3 kg 的消费水平，我国人均消费食药用菌还不到 0.5 kg，差距很大。其中，栗蘑所占的比例就更低了，栗蘑开发潜力很大。我国发展栗蘑具有优越的自然条件，尤其是广袤的山区、林地，是发展仿野生栗蘑栽培的绝佳场所。又由于我国南北气候差异大，可错季栽培，满足鲜品的均衡供应。栗蘑还可以干制、腌制，进一步解决了栗蘑的产销问题。此外，我国栽培栗蘑的原料资源丰富，各种阔叶树修剪的枝丫及棉籽壳均可作为栗蘑栽培原料。随着栽培技术不断进步，将有许多新的原料如玉米芯等农业秸秆、其他食用菌菌糠也正在被开发为栽培原料，因此栗蘑的发展前景十分广阔。

一、栗蘑学名及分类地位

栗蘑，学名灰树花，又名贝叶多孔菌、莲花菌、云蕈、千佛菌、重菇。属担子菌亚门层菌纲非褶菌目多孔菌科树花属。

二、栗蘑的栽培历史

栗蘑的人工驯化、栽培历史不过30多年，但我国民间对其采食、利用却有着悠久的历史。世界上最早的菌类典籍、菌类图鉴之一《太上灵芝草品》中记载“白玉芝(即栗蘑)味辛，白盖四重，下一重上有二枚生，并有三枚生上重，或生大石之上，黄沙之中，腐木之根，高树之下，名山之阴，得而食之，仙矣。白虎守之。”我国宋代陈仁玉在《菌谱》中也有记载，栗蘑“味甘、性平、无毒，可治痔疮。”日本也是认识和记载栗蘑较早的国家。其在《温故斋菌谱》、《大和本草》等著作里均有体现。

人类驯化、人工栽培栗蘑的历史可追溯到20世纪40年代，最早由日本人伊藤一雄(1940)和広江勇(1941)进行。1965年利用木屑(菌床)栽培栗蘑取得成功，1975年正式投入商业性生产，最初年产量为300 t左右。20世纪80年代初，日本最早开始人工规模化栽培栗蘑。20世纪80年代日本利用空调设备，进行工厂化周年栽培，生产由此有了较大发展，1987年日本栗蘑产量达3 016 t，1992年达到8 950 t，成为栗蘑主要生产国。近年来日本鲜栗蘑的年产量已达

14 000 t，但由于日本消费者对栗蘑的钟爱，对其保健价值的重视，栗蘑产品仍不能满足市场的需要，年消费量约为20 000 t，仅次于香菇和金针菇，居第三位。目前栗蘑在日本主要利用空调设备进行室内栽培，头潮菇生物转化率一般为40%～50%。

我国在20世纪80年代初开始对栗蘑进行人工驯化栽培。据报道，1985年在浙江庆元大规模成功栽培栗蘑，随后在周边地区扩展开来。目前，我国南方栗蘑的规模化栽培主要集中在浙江庆元县、福建、湖北等地，主要采用塑料大棚内的床架式袋栽，一般采2～3潮菇，生物转化率一般为60%～80%。与此同时，河北省迁西县也利用当地野生资源，考察当地野生栗蘑的生育条件，进行栗蘑的驯化，取得成功，并于1992年创造了“栗蘑仿野生栽培法”。该法采用地沟小拱棚，菌棒进行覆土，在仿野生条件下出菇，栗蘑叶片分化好，单菇个体大（最重达16 kg），生物转化率最高可达128.5%，适合我国的低成本生产模式。1996年，栗蘑在整个唐山地区大面积推广。近年来该栽培方法已推广到河北太行山区、山西、山东、江苏、安徽、陕西、辽宁等地。北京市于21世纪初引入栗蘑仿野生种植，在北部山区板栗林地取得了良好的经济效益。

三、栗蘑的营养价值

栗蘑具有独特香气和口感，营养丰富，具有很好的保健作用，是极其珍贵的高档食用蕈菌。其食味清香，沁人心脾，肉质细嫩，味如鸡丝，脆似玉兰，鲜美可口，百吃不厌。食用方法多种多样，可炒、烧、涮、炖；可做汤、做馅、冷拼；凉拌质地脆嫩；具有长煮仍脆的特点，做汤风味尤佳，是宴席上不可少的佳肴。干品发泡后，仍具有独特风味。因此，栗蘑也是时尚的送礼佳品。

栗蘑含有丰富的营养化学组分。经农业部谷物检测中心化验分析，栗蘑含有 18 种氨基酸，其中人体必需氨基酸有 9 种，并且每种氨基酸的含量均高于其他食用菌。栗蘑还含有丰富的对人体有益的矿质元素，如钾、钙、镁、锌、铁、磷、铜、硫、硒等，其含量远远超过其他食用菌。又据中国预防医学科学院营养与食品卫生研究所化验分析，每 100 g 栗蘑干品中含有蛋白质 31.5 g，脂肪 1.7 g，碳水化合物 49.69 g，粗纤维 10.7 g，灰分 6.41 g，钾 1 637.4 mg，钙 176.2 mg，铁 52.6 mg，锌 17.5 mg，硒 0.04 mg，维生素 E 109.7 mg，维生素 B_1 1.47 mg，维生素 B_2 72 mg，维生素 C 1.0 mg，胡萝卜素 0.04 mg。与其他品种的蘑菇比较，其维生素 B_1 和维生素 E 的含量高 10～20 倍。因此，栗蘑可以称之为富含多种营养素、有益健康的营养保健食品。

四、栗蘑的药用价值

栗蘑不但是宴席上的山珍，还具有保健和药用价值，是珍贵的食、药兼用蕈菌。早在 1709 年，日本贝原益轩的医学著作《大和本草》就记载了舞茸(栗蘑);其后日本坂浩然的《菌谱》认为它能够“润肺保肝,扶正固本”。近年来,随着科学技术研究的深入,许多国家的科研人员对栗蘑进行了大量的系统性研究,发现栗蘑中的有效成分为β-葡聚糖,尤其是β-D-葡聚糖组分能提高人体T细胞的数量,增强机体对肿瘤的免疫力,具有明显抗肿瘤效果。综合各国对栗蘑药理作用的研究表明,栗蘑多糖是其主要的生物活性成分,具有免疫调节作用和抗肿瘤作用;栗蘑多酚对金黄色葡萄球菌等具有一定的抑制作用,对血红细胞的自氧化和双氧水(H_2O_2)所致的自氧化具有一定的抑制作用。

目前,人们公认的栗蘑药理作用如下:

1. 免疫调节作用

栗蘑多糖可以增强巨噬细胞的吞噬功能,促进其释放细胞因子和一氧化氮而实现免疫调节作用。

2. 抗肿瘤作用

较高的硒含量有抗御肿瘤的作用,尤其是所含栗蘑多糖(grifolan),以β-葡聚糖(glucan)为主,其中抗癌活性最强,带6条支链的β-(1,3)-葡聚糖占相当大的比重。实验表明,小白鼠口服栗蘑多糖提取物,肿瘤抑制率达86.3%。一般认为栗蘑抑制肿瘤的作用是由于其所含的多糖激活了细胞免疫系统中的巨噬细胞和T细胞而产生的,这种抑癌多糖主要是β-D-葡聚糖,在栗蘑干重中占8%左右。现已制成栗蘑胶囊出售。

据称,比市场销售的香菇多糖(lentinan,日本的 PSK)、云芝多糖（上海的 PSP)等有更强的抗癌能力;同时它又是极好的免疫调节剂。在日本,栗蘑多糖已被用于治疗胃癌、食道癌、乳腺癌、前列腺癌。

3. 抗病毒作用

栗蘑多糖在体外具有抑制艾滋病毒(HIV)的作用。将栗蘑多糖加入受 HIV 病毒感染的辅助 T 淋巴细胞中,可抑制 HIV 的活性。HIV 感染者的临床实验表明,口服栗蘑多糖可以有一定的抑制 HIV 活性的效果。

4. 抗辐射作用

栗蘑菌丝体胞内多糖可以提高辐照小鼠的存活时间,促进辐照小鼠白细胞数目恢复,说明栗蘑多糖有一定的抗辐射作用。

5. 其他作用

据临床实验,栗蘑提取物还具有调节血压、预防贫血、延缓衰老等功效。同时,还具有改善人体微循环、促进人体免疫力、促进脂肪的分解,有强体减肥、养颜美容等药用价值。表现为如下几个方面:

(1)富含铁、铜和维生素 C,能预防贫血、坏血病、白癜风,防止动脉硬化和脑血栓的发生。

(2)硒和铬含量较高,有保护肝脏、胰脏功能,栗蘑能协助胰岛素维持正常的糖耐量,对糖尿病和肝硬化等疾病均有效果;硒含量高使其还具有防治克山病、大骨节病和某些心脏病的功能。

(3)作为中药,栗蘑能益气,清热,渗湿。用于小便不利、水肿脚气、肝硬化、肝腹水、糖尿病、高血压,并对癌症有防治作用。

第二章 栗蘑的生物学特性

一、栗蘑的特征

(一)菌丝与菌核

栗蘑的形态分为菌丝体和子实体两大部分，野外采集时可见的部分，即可食用的部分就是栗蘑的子实体，也称菇体。栗蘑菌丝体和子实体均是由无数菌丝交织而成的。

栗蘑菌丝以菌核的形式越冬或度过不良环境。菌核直径5～15 cm，外层由菌丝密集交织形成，呈黑褐色。菌核内部由密集的菌丝、土壤沙粒和基质组成。菌核既是越冬的休眠器官，又是营养贮藏器官，野生栗蘑的世代就是由菌核延续的。因此野生状态下栗蘑在同一个地点能连年生长。

(二)子实体

子实体也是栗蘑的繁殖器官。一个成熟的栗蘑子实体由多个菌盖组成(图 2-1，彩图 2-1)，重叠成覆瓦状。

1. 菌盖

栗蘑菌盖肉质，呈扇形或匙形，直径 2～8 cm，厚 2～7 mm。灰白色至灰黑色(菌盖颜色与品种及光照强度有关)，

图 2-1　栗蘑子实体

有放射状条纹，边缘薄，内卷。幼嫩时，菌盖外沿有一轮 2～8 mm 的白边，是菌盖的生长点，子实体成熟后白边消失。当子实体幼嫩时，菌盖背面为白色。子实体成熟后，菌盖背面出现蜂窝状多孔的子实层，菌孔长 1～4 mm，每平方厘米栗蘑有菌孔 20～32 个，管孔白色，呈多角形。菌孔侧壁着生子实层，能产生担孢子。栗蘑孢子印白色，在显微镜下观察，孢子卵形，光滑。

2. 菌柄

菌柄多分枝，侧生，扁圆柱形，中实，灰白色，肉质（与菌盖同质）。成熟时，菌孔延生到菌柄。

二、栗蘑的生态分布

野生栗蘑发生于夏秋间的栗树根部周围以及栎、榜等阔叶树的树干及木桩周围。栗蘑可以导致木材腐朽，属白腐菌。我国的野生栗蘑分布于河北、黑龙江、吉林、四川、云南、广西、福建等省。世界范围内，栗蘑还分布于日本、欧洲、北美等地。

自然状态下野生栗蘑发生在栗树根部周围，多数都伴生有杂草，杂草主要有乌拉草、莠草、狗尾草、热草及艾叶草等。栗蘑在白天尤其是晴天，生长不显著，但颜色深、香味浓。在阴雨天和夜间，栗蘑长得快速，但颜色浅、香味淡。野生栗蘑生长的土质要求含有腐叶和腐烂根毛的沙质土，细沙粒和粗沙粒甚至板栗大小的石块均可。沙质土的含水量要求为20%～25%，pH为6.5。

野生栗蘑基部与子实体相连的是菌索，分布在地下15～40 cm的区域内，纵横交错，并与多个菌核相连。菌索和菌核都是由白色的菌丝与沙土、石块组合而成的混合体，质地硬而脆。菌索是直径为2.0～3.5 cm的条状物，菌核是直径为5～20 cm的块状物。菌索是野生栗蘑的营养运输线，菌核是野生栗蘑度过不良环境的营养储存体。野生栗蘑能连续若干年从同一栗树根部周围发生，其原因就是因为其有地下菌核。

栗蘑是木材白腐菌，栗树木质部的白腐现象是栗蘑菌丝侵蚀而形成的，菌丝对活栗树有危害作用。栗蘑菌丝把其分解木质部得到的养分源源不断地通过菌索输往菌核，在菌核内储存了大量的养分，当外界条件适宜时，子实体靠这些养分得以生长。

三、栗蘑的生长发育条件

栗蘑和其他食用菌一样，其生长发育也需要满足一定的条件。了解栗蘑的生长发育条件，对其成功栽培和实现高产有很大的帮助。

（一）营养

栗蘑是一种木腐菌，同其他食用菌一样，在生长过程中同样需要从外界吸收营养，其对碳源、氮源等营养元素的要求与香菇、平菇等的要求区别不大。在其生长过程中可以适当地多添加一些氮源物质。

（二）温度

栗蘑属高温型品种，在自然界中，栗蘑多在夏秋季节生长。其菌丝生长的温度范围较广，在 7～30℃的范围内均可以生长，其最适合的温度为 24～27℃。栗蘑的特点是菌丝怕热不怕冷，在 32℃时不会停止生长，但此时菌丝较弱。42℃以上菌丝开始死亡。在 8℃的条件下，经 40 d 不死。栗蘑原基形成的温度一般在 18～22℃，而子实体在 15～27℃的温度范围内都可以生长，其最适宜的生长温度为 18～21℃。如果温度较低，子实体生长较慢，品质好；在温度较高时，子实体生长则较快，但易老化。

（三）水分与空气湿度

栗蘑生长既需要培养料保持一定的含水量，也需要空气有一定的相对湿度。与其他食用菌一样，培养基中的水分（含水量）一般控制在60%～65%为好。而空气相对湿度，在菌丝生长阶段一般要求在60%～65%，与培养基的含水量基本一致，这一方面可以防止培养基中的水分散失，另一方面也可以防止棉塞或封口纸受潮发霉。

出菇阶段若水分不足，子实体难以形成，甚至死亡；水分过多则会通气不良，影响呼吸作用，造成烂菇和死菇，严重的会烂袋绝收。空气相对湿度应保持85%～95%，如果空气相对湿度低于60%，子实体生长就会停止；当空气相对湿度降到40%以下时，子实体不再分化，已分化的幼菇也会干枯死亡。

（四）光照

栗蘑在菌丝生长阶段对光照要求不严，在黑暗条件下，菌丝生长稍快。但是子实体原基的形成需要光线的刺激。当形成原基后，散射光越强，菌盖颜色越深，香味越浓、品质越好。反之，则颜色浅，品质差。如果光照不足，会使子实体分化困难，菌盖多畸形，色泽发白，朵形也不正常。

（五）空气

栗蘑属好氧性真菌，无论菌丝生长还是子实体发育都需要新鲜空气。在栗蘑的子实体发育生长阶段，对氧气的需求量是比较大的，是在所有食用菌中需氧量最多的。因此，必须经常通风，以保持在栽培场地有足够的氧气。否则，因为氧气不足，会造成栗蘑子实体发育畸形，子实体叶片展开困难，呈珊瑚状，影响品质。氧气严重缺乏时，还会使子实体停止生长甚至霉烂。

（六）酸碱度

栗蘑的菌丝体适宜在微酸性的培养基中生长，其最适宜的 pH 为 5.5～6.5。过酸或过碱都不利于栗蘑生长发育。

第三章　栗蘑菌种繁育

菌种制备要求的生产设备和技术很高，一般由专业化的菌种生产机构生产。对于一般的栗蘑生产者而言，引种是快捷可靠的办法，但需要选择优良品种。

一、选择优良菌种

菌种所采用的菌株和菌种质量对栗蘑的产量和质量有决定性的作用。劣质菌种可造成减产，甚至绝产，带来巨大的经济损失。因此一定要选用经过生产验证，抗逆性强，生长快，产量高的优良菌种。无论是引进的或自己分离的菌种，在大规模扩繁前都应进行出菇试验。

(一)选择原基形成早的菌株

由于遗传性状不同，不同来源的栗蘑菌株的菌丝生长及农艺性状会表现出较大差异。不同栗蘑株系不仅有菌丝和子实体形态差别，在原基形成所需天数和产量上也有差异，尤其是原基形成所需日数与产量有直接关系，原基形成越早产量越高。

对大面积生产栽培的菌株应进行筛选观察，选育出产量高性状好，适应当地生态条件的优良菌株。

（二）选择正规渠道的菌株

一般栽培所用的栗蘑菌种应该是经过食用菌研究机构选育的，适合栽培的菌株。例如仿野生栽培的栗蘑菌株要求具有菇形大、色泽深、产量高等特点。若种植者自行采集出菇形状表现优异的野生栗蘑，需经过出菇试验再进行大面积生产，以免造成不必要的生产损失。

（三）选择市场欢迎的菇体形状的菌株

栗蘑菇体一般是褐灰色的，也是我国市场上较为认可的性状。色泽深浅取决于光照强度，光越强色越深。除此之外，还有白色变种。此菌株由日本选育，适用于工厂化周年栽培，袋栽周期 70～80 d，采 2 潮菇，生物转化率一般在 60%左右。由于其白色特征，受到日本消费者的认可，适合工厂化栽培。

不同于褐灰色品种，无论光照强度如何，白色栗蘑从原基到子实体成熟均为白色。子实体肉质，有柄，多分枝，末端呈扇形或匙形菌盖，覆瓦状重叠成簇，一簇直径可达 10～20 cm，菌盖宽 2～7 cm，厚度 1～4 mm，边缘较薄，成熟后反卷，管孔白色，管口呈多角形无规则排列，着生于菌盖背面，也有少数子实体背面、正面边缘及菌柄都有管孔，管孔深 0.5～4 mm，孢子印白色，在显微镜下圆形至椭圆形。

白色栗蘑菌丝生长温度范围为 8～34℃，最适生长温度为 24～26℃。子实体生长发育温度范围为 12～24℃，最适宜生长温度为15～20℃。所需pH、氧气等条件与普通栗蘑品种相同。

二、菌种制作

与其他食用菌一样，栗蘑的菌种包括母种、原种及栽培种。

(一)母种制作

栗蘑母种(图3-1)适宜的培养基为PDA综合培养基和麸皮培养基，也可用谷粒培养基，按常规方法制作。这三种培养基可用于栗蘑母种的分离和转扩，分离部位以栗蘑菌盖与菌柄连接处的内部菌肉为佳。选择待分离株应是品系中分化好的健壮株，分离和转扩均在无菌条件下进行。

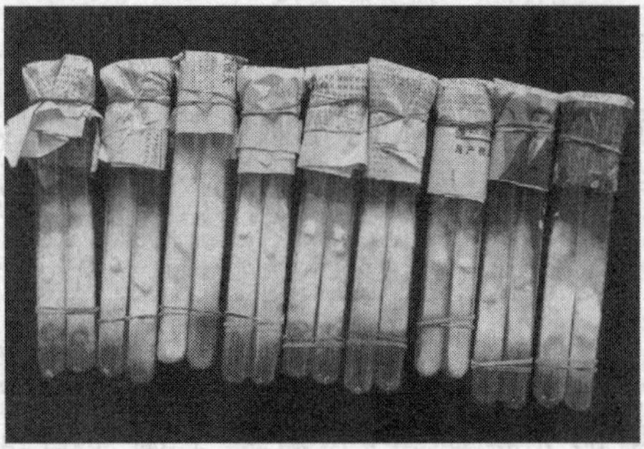

图3-1　栗蘑母种

1. 母种培养基

(1)马铃薯麸皮培养基　马铃薯200 g，麸皮100 g(煮

15～30 min，过滤），葡萄糖 20 g，磷酸二氢钾 2.5 g，硫酸镁 0.5 g，琼脂 20 g，水 1 000 mL。

(2)马铃薯综合培养基　马铃薯 200 g，麸皮 50 g，葡萄糖 18 g，磷酸二氢钾 2.5 g，硫酸镁 1.5 g，维生素 B_1 8 mg，水 1 000 mL，琼脂 20 g。或者马铃薯 200 g，葡萄糖 20 g，琼脂 20 g，磷酸二氢钾 2 g，硫酸镁 1 g，维生素 B_1 8 mg，蛋白胨 3 g，水 1 000 mL。

2. 组织分离、接种及培养

在无菌环境下，选块大、无病虫的幼菇作为分离材料，取生长健壮的分枝，在小分枝和菌盖交界处切下一小部分。以菌盖与菌柄连接处的内部菌肉为佳。用 75%的酒精消毒后，在接种箱内用无菌的刀片切 2 mm×4 mm ×6 mm 的小块，放在事先做好的装有培养基的试管内，塞上棉塞。然后放置在 23～26℃的环境中培养，3～5 d 可萌发出菌丝，经 15～18 d 菌丝长满试管。菌丝呈白色绒毛状。一般情况下每支试管母种还可转接 30 支左右，但母种转扩一般不能超过 4 代。

对于原始菌种的获得，也可以从采集到的野生栗蘑菌核中分离得到新菌株。白色菌丝体组织生长旺盛，与子实体相连的一段菌核，称为“核端”，是分离菌种的最好材料。

(二)原种及栽培种制作

母种制作好后，便可进行原种制作，进而制作栽培种，进一步扩大培养。原种和栽培种制作培养基和制作方法类似。

1.原种制备

制作栗蘑原种（图 3-2）的常用培养基配方有：

图 3-2 栗蘑原种

（1）木屑（粗细搭配）75%，麦麸 23%，糖 1%，石膏粉 1%。

（2）木屑 55%，棉籽壳 25%，麦麸 18%，糖 1%，石膏粉 1%。

（3）棉籽壳 78%，麦麸 20%，糖 1%，石膏粉 1%。

（4）栗木屑 80%、麦麸皮 8%、石膏和糖各 1%、沙壤土或壤土 10%。

（5）棉籽皮 80%、麸皮 8%、石膏和糖各 1%、沙壤土或壤土 10%。

培养基配水拌匀，含水量 60%，拌好后装瓶、灭菌、接种，在 25～26℃培养，30 d 左右即可满瓶。经质量检查，菌丝粗壮，无杂菌污染的为合格的原种，用于接种栽培种。

2. 栽培种制备

栽培种(图 3-3)的培养基及配制方法与原种一致。一般一瓶原种可扩繁栽培种 40～50 瓶或 15～20 袋。

图 3-3　栗蘑栽培种

第四章　栗蘑段木栽培技术

野生栗蘑常发生于板栗等阔叶类树木的根部。在段木栽培中，不同于香菇和黑木耳以菌丝从树木的形成层部分吸收营养为主，从树皮部分形成子实体，也不同于茯苓吸取木材内的所有营养物质。栗蘑的菌丝可以分泌多种分解酶，在其生长、发育过程中分解和利用木材中的各种物质。

栗蘑段木栽培技术是借鉴传统原木生产香菇和段木生产灵芝的基础上形成的。栗蘑段木栽培采用人工纯培养的菌丝接种，生物转化率较高，每立方米木材两年产干栗蘑 32 kg，可提高菇木资源的利用率，具有接种成活率高、出菇可靠、产量高而稳定、品质佳等优点。但是，由于木材资源的限制和生物转化率较袋料栽培低，应用范围很小，一般仅限于林木资源丰富的地区。

栗蘑段木栽培是将适宜的树木砍伐、截段、集中，然后接入纯培养的菌种，进行培养、出菇管理的技术模式。其生产流程如下：伐木、截段、接种、菌丝培养、场地处理、摆场、出菇管理、采收、分级、包装、储藏。

一、品种选择

袋料栽培的菌种一般由野生菌株驯化而来，因此栗蘑袋料栽培的品种一般在段木栽培中都可以采用。

二、菇木选择

和香菇、黑木耳一样，栗蘑菌丝也不能在含有大量芳香物质、樟油等的树木中正常生长，因此选用不含樟油、辛辣物质的阔叶树种为宜。但不同树种对栗蘑产量的高低、品质的优劣等有一定影响。因此，选择适宜于段木栽培的树种十分重要，对于获得较高的经济效益至关重要。我国适宜栽培栗蘑的树种有 10 多个科 20 多个属的 300 多个树种，主要集中在壳斗科的板栗、栎树、青冈、槠树等十几个树种。

三、栽培场地选择

栗蘑段木栽培的出菇场所可根据栽培生产的实际情况而定。一般选择在交通便利、地势平坦或稍有坡度、通风、排水良好的地方，水源要充足。人工出菇场要搭建遮阴棚，遮阴度掌握在 70%左右，菇棚四周开挖排水沟。

四、段木菌段的制作

(一)菇木的砍伐

栗蘑段木栽培对于树木的砍伐季节要求相对严格，若砍伐季节不当，会影响栗蘑产量和质量。适宜的菇木砍伐期选择在树木的休眠期，一般在每年立冬至翌年的惊蛰之间（即每年 11 月至翌年 2 月之间）。这时树木中储存的养分最为充足，而且形成层也已停止活动，韧皮部和木质部贴合紧密，树皮不易脱落，利于栗蘑菌丝的生长、发育。从菇树砍伐期到接种的间隔时间一般为 50～60 d。

菇木应选择中等大小、直径（指离地 120 cm 左右处直径）15～25 cm。砍伐菇树应采取单株择伐的形式，并且尽量不伤及树皮。

（二）截段

菇木砍伐后尽快集中，搬运到栽培场，然后按 20～25 cm 的长度截段（图 4-1）。截段后的段木要留有一定时间以利于木段收浆、干燥。方法为：选择比较平坦、通风良好的向阳坡地，将段木堆叠起来，晒一段时间。

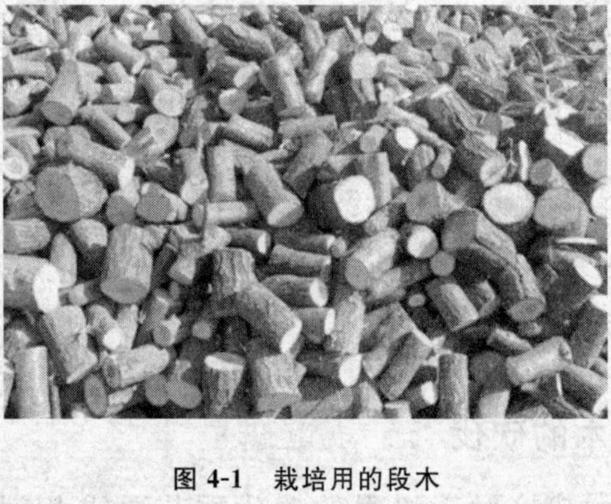

图 4-1　栽培用的段木

(三)装袋、灭菌

先将含水量调整到70%～75%的木屑培养基(配方和袋料栽培的相同),装入聚丙烯或聚乙烯塑料培养袋底部约3 cm高,再将截好的段木装入培养袋,袋口再装3 cm厚的木屑培养基(目的是便于菌种快速萌发和生长),塑料袋口用橡皮圈扎好。要求袋内不存留空隙,以防灭菌后杂菌污染。从原木砍伐到锯段、装袋,时间越短越好。越新鲜的段木,灭菌的时间越短。一般常压灭菌,保持100℃ 10 h。灭菌时注意让堆心实际温度达到并保持在95℃以上计时10 h,还要注意防止产生灭菌死角、中途断水。

(四)接种

适宜的接种期是12月至翌年3月份,在低温期进行。菌种采用木屑菌种。接种的方法与袋料栽培类似。按每立方米段木使用菌种100包(17 cm×34 cm的袋子),当菌袋内料温降至30℃以下时接种。接种前,先对接种空间进行灭菌。接种室要选择门窗紧密、干燥、清洁的房间,墙壁用石灰水粉刷,地面处理为水泥地。接种室入口处应设置缓冲间。在段木灭菌出灶前进行首次消毒,按每立方米空间4 g烟雾消毒剂的用量使用,将接种室熏蒸过夜;第二次在段木降温至30℃以下时,将接种工具及用品放于接种室内进行。接种过程中,动作要迅速。接种人员将灭过菌的工作服、鞋套、帽等穿戴好,用75%酒精擦拭手消毒,4人一组,1人负责解开袋口,1人负责放菌种，1 人封口，另有 1 人搬运菌袋。菌种主要接种在袋的两端、袋口段木表面，菌种要紧贴段木切面，这样发菌快，污染也少，一般接种成活率可达 95%以上。

（五）菌丝培养

段木菌袋宜在通风、干燥、避光的室内培养。菌袋按立体墙式码放，两面菌墙之间留有足够距离的通道，以便于通风和检查。接种 1 周内保持室温在 22～25℃，以利于菌丝恢复生长。菌丝生长中后期若袋内有大量水珠产生，适当加强通风或降温，可在每天午后开门窗通风换气 1～2 h。一般培养 20 d 左右，菌丝便可长满整个段木表面。这时可结合刺孔放气，减少袋内积水。通过开门窗换气，增加袋内氧气，促进菌丝向木质部深处生长。室内培养期约 2 个月。将污染的菌袋及时捡出，清除杂菌后重新灭菌接种，用种量宜加倍。

（六）菌段入棚、覆土

菌段入棚、覆土在 4 月初的晴好天气进行。栽培场地事先清理干净，加强对白蚁的防治。脱去菌袋，将菌段按间距 5 cm、行距 10 cm 的距离排列于事先挖好的畦内。排好菌段后覆土 2 cm。覆土的厚度可视栽培场所的适度大小而适当增减。

若 7 月份前覆土，当年之内，栗蘑可出菇。若 8 月份以后覆土，正式发生栗蘑要到第二年的春天。

(七)出菇管理

在适宜的温度、湿度条件下，木材横断面上形成根状菌索。菌索伸长到土壤地表时形成子实体，这时进入出菇管理：

1. 控制温度

菌段覆土后，若气温在 24～32℃，通常 15 d 形成菇蕾。通过调节遮阳、覆盖物保持地温为 18～20℃。

2. 保持相对湿度

栗蘑子实体发育要经历菇蕾期、桑葚期、珊瑚期、树花期、成熟期五个时期。从菇蕾发生到珊瑚期、未成熟前，空气相对湿度应保持在 85％～95％，以促进菌芽表面细胞分化。此时，土壤也要保持湿润状态，晴天多喷水，阴天少喷水，雨天不喷水。

3. 注意通风换气

栗蘑属好气性真菌。在良好的通气状态下，可形成正常菌盖。

4. 要有一定散射光

栗蘑子实体生长对于光照较为敏感，搭建阴棚时，郁闭度应低些。子实体形成初期，提高光照强度，有利于栗蘑子实体分化。

5. 防止子实体发生连体

排列覆土的菌段要有一定间隔，可将菌段四周的塑料袋保留，只去掉顶部、底部的塑料袋，以防止菌丝过度连体。当子实体有相连的可能时，应及时进行疏蕾。

（八）采收

当栗蘑子实体颜色达到灰白中带黑，表面针眼状菌孔时便可采收。若菌孔成刺状表明成熟过度了。采收后的栗蘑，剪去过长的菌柄，单个排列晒干，最好先晒后烘，以保证产品质量。

第五章　栗蘑袋料栽培技术

一、菌袋制作

(一)栗蘑的栽培原料

由于栗蘑为木腐菌，因此，在选择栽培栗蘑的原料时，应以木屑为主，特别是“栗树”——壳斗科树种的木屑更好。其他阔叶树的木屑以及棉籽壳等原料，也可以作为栽培栗蘑的原料。

除了木屑等主要原料之外，在培养基中还需要加入一些辅料。如麸皮、米糠、玉米粉等以增加含氮量，以及糖、石膏等。有条件的地方也可以加入一些富含腐殖质的林地表土、草炭土(其加入量可以是总重量的10%左右)，效果会更好。

由于栗蘑为好氧性的菇类，因而在选择木屑时如果木屑过细，会造成透气性较差，影响栗蘑菌丝的正常生长，可以在培养料中加入一部分颗粒较大的木屑、棉籽壳或玉米芯以增加培养料的通气性。

(二)栗蘑栽培培养料配方

栗蘑的栽培配方较多,各地菇农可以根据当地的情况选择配方,以降低生产成本,增加收益。

(1)阔叶树木屑(粗：细比例为1：3)75%,麦麸(或麦麸与玉米粉按1：2的混合物)23%,糖1%,石膏粉1%,含水量调至60%～63%。pH调至5.5～6.5。

(2)木屑55%,棉籽壳25%,麦麸18%,石膏粉1%,糖1%,含水量调至60%～63%,pH调至5.5～6.5。

(3)木屑60%,旧培养料(要求无污染、晒干)20%,玉米粉10%,腐殖土10%,含水量调至60%～63%,pH调至5.5～6.5。

(4)木屑70%,麦麸20%,玉米粉8%,石膏粉1%,过磷酸钙1%,含水量调至60%～63%,pH调至5.5～6.5。

(5)棉籽壳60%,麦麸20%,黄豆粉8%,菜园土10%,石膏粉1%,糖1%,含水量调至60%～63%,pH调至5.5～6.5。

(6)稻草63%,菜园土20%,麦麸11%,玉米粉5%,石膏粉1%,含水量调至60%～63%,pH调至5.5～6.5。

(7)栗木屑70%、麸皮20%、生土8%、石膏1%、糖1%,含水量调至60%～63%,pH调至5.5～6.5。

(8)栗木屑50%、棉籽皮40%、生土8%、石膏1%、糖1%,含水量调至60%～63%,pH调至5.5～6.5。

(9)阔叶树木屑50%,栗蘑菌糠(干重)30%,麸皮玉米粉

1：2混合物18%，糖1%，石膏粉1%，含水量调至60%～63%，pH调至5.5～6.5。

（三）菌袋的制作

根据当地栗蘑的适宜出菇期来确定菌袋生产期。华北地区一般在4月份脱袋栽培，须在2月份制备菌袋。如果生产量大，发菌室容量有限，也可从头年10月份开始制作菌袋，秋季利用气温发菌，冬季利用加温设施发菌。由于栗蘑菌丝耐寒，菌袋可越冬贮存。有条件的农户也可以置于冷库中保存。菌袋的生产流程：拌料→装袋→灭菌→冷却→接种→发菌。

1. 拌料

因地制宜，选择上述培养料配方之一进行拌料。可在阔叶树木屑中添加20%～30%经过处理（堆制半年以上）的针叶树木屑，对栗蘑产量影响不大。木屑要求孔径在5 mm以下，用筛子筛选、去除杂物及尖刺、木片，以防止装袋时刺破料袋，形成微孔造成污染。栗蘑发菌需要较多的氧气，木屑的粒径大小直接影响通气状况，因此在细木屑中须添加30%左右的粗木屑（玉米粒大小）以保证菌丝发菌良好。辅料以麸皮和玉米粉搭配使用较好，麸皮与玉米粉的比例为1：2。此外，实践表明新培养料中加入20%～30%出过栗蘑的菌糠，有5%～10%增产效果。推测可能是因为菌糠含有某些促进栗蘑菌丝的增产因子，但有待于进一步研究证实。在培养料中添加10%～20%的果园土也可促进出菇。

见图 5-1。

拌料时，加入 105%～110%水(按干料重量计算)，使最终的培养料含水量达 55%～57%。培养料含水量过大时，菌丝发菌慢，同时子实体形成时渗出的棕色液体太多，易导致子实体腐烂。若培养料含水量低，发菌困难，易污染，也会减产。

图 5-1　拌料

2. 装袋

若使用高压灭菌，其温度可以达到 120℃以上，选用耐高温的聚丙烯塑料袋。如果使用常压灭菌，其最高温度只有 100℃，可选择低压高密度聚乙烯装袋。但需要保持 100℃达 8 h 左右或者更长的时间。脱袋覆土栽培的料袋要小一些，袋的规格一般为 18(或 17) cm×34 cm，厚 0.5 mm，每袋装湿料 1 kg 左右，一头封闭一头接种，使用套环和无棉盖体封口。不脱袋覆土栽培的料袋较大，袋的规格一般为 18 cm×

40 cm，厚 0.6 mm，装湿料 1.5～2 kg。小型装袋机适合生产量不大的农户使用，装袋操作如下：

(1)操作时 5 人一组，1 人向装袋机的料斗里加料，1 人坐在绞龙前的凳子上用大拇指和食指搓开菌袋，撑开袋口，再用双手将筒袋套在绞龙筒上(手要湿润)，左脚踩住装袋机，左手大拇指和其余四指适当握住套上袋子的绞龙筒，右手托推住筒袋的底部，装袋机转动时绞龙将培养料装入筒袋中，装料至袋的 3/4 时拿下，如此重复。装料的标准是将料面按平压实手拿菌袋稍用力，松手后指印应能恢复，表面平滑无褶。余下 3 人全部系袋口，操作时，左手提着塑料袋，用右手指背压实料面，将培养料压实成型，料面要平，然后用左手将袋口捋成束状，用右手拧紧再用左手握住，闲出右手用尼龙绳将之捆紧，为防止捆得松，漏气，将捆好后余下的袋口折回捆紧。

(2)套塑料环一头接种的菌袋使用。套环的目的一是接种时方便。二是棉塞较粗，有利于菌袋内外气体交换，促进菌丝生长。套袋时环的小口朝上，大口朝下，塑料袋由下向上穿出，袋口向环外侧翻转，用大拇指在塑料环中间扭转一周，使塑料袋紧贴于套环内壁，这样便于接种。棉塞上盖防水纸防湿，用皮筋或小线扎紧。见图 5-2。

(3)注意事项：一是调整料的水分，上下拌匀。二是捡出硬物如木棍、铁钉等，以免扎坏菌袋。三是装好的菌袋要轻拿轻放，袋口向上，不能乱堆挤压，以防菌袋变形或脱塞。

大型冲压装袋机适于生产量大的菌包厂和合作社采用。

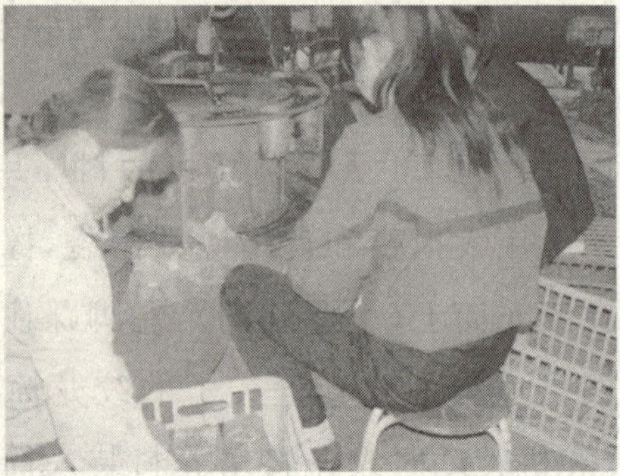

图 5-2　装袋

装袋时，一人向套筒上套塑料袋，菌袋培养料内自动打一孔，两人取下菌袋，插入塑料棒，然后用套环和棉塞封口，摆在铁丝筐或塑料筐内等待灭菌。见图 5-3。

图 5-3　装好的菌袋

3. 灭菌

灭菌可分高压灭菌和常压灭菌。一般农户的栗蘑生产大多采用常压灭菌。一般用蒸气锅炉产生蒸气，通过排气管导入简易蒸锅或菌包垛底部。简易蒸锅的搭建方法为：距拌料装袋场 4 m 选取平地，用砖 4 块摞成一垛，各垛间距 20～30 cm，把蒸锅底座码至 4 m×5 m 上铺垫一层铁排作为锅架，同时以利于透气，铁排表面再铺一层平软的麻袋片，在其上码垛菌袋约 2 000 袋（干料约 2 t 重）。在码好菌袋上用 6 m×7 m 的厚塑料布、苫布及大棉被盖好，用绳索在垛的四周间隔一定距离，拴好装满土的沙袋压实以防漏气。将蒸气输送至垛底，当烧到（夏季需要 3 ～ 4 h，冬季需要 5～6 h）垛顶塑料布鼓气，用手向下按，觉得有一定压力时开始计时，保持 100℃ 8～9 h 即可。停火后再闷 8～10 h，温度降至 60℃左右，趁热出锅，将菌棒移至接种帐中，冷却以便接种。注意装料至灭菌时间要短，不要超过 4 h，以防止培养料发酵变酸。若采用高压灭菌，一般需要保压 1.5 h。见图 5-4。

图 5-4　灭菌

4. 接种

当菌袋料温降至30℃以下时，便可接种。接种可在接种箱内进行，量大时，也可以采用接种帐接种。有条件的菌种厂，可以建设无菌接种室。栗蘑常用的接种方式有立式一头接种、卧式打穴三点接种。见图 5-5。

图 5-5 接种箱接种

(1)立式一头接种流程

①菌种准备　挑选发满的优质菌种，清理袋外的灰尘后，放入接种室备用。

②菌袋准备　将灭菌后冷却至室温的菌袋放入接种室。计算单位时间内能接完的数量。

③接种室消毒　用气雾剂或臭氧对接种室及菌袋、菌种等进行表面消毒。

④接种　一般 3 人一组，1 人揭袋口的无棉塞或棉花，1 人塞菌种，1 人搬菌袋。

(2)卧式打穴接种流程

①挑选并处理菌种。在菌种库选择包装完好无损的菌种袋,菌龄要求最好不超过 30～40 d,菌丝完全发满,有韧性不松散、活力强的菌种。干瘪松散的菌种不要使用。将选好的菌种用 2%来苏儿或 0.5%的高锰酸钾溶液擦洗外壁,放入消过毒的容器中,搬入接种帐中待用。

②将接种所用工具如垫桌、坐凳、打孔棒、衣帽、鞋套、胶带纸、菌袋外套袋、75%酒精棉球等放入接种帐中。

③料温降至 30℃以下时,在接种帐中点燃气雾消毒盒 3～4 盒熏蒸消毒,密闭接种帐,闷至 0.5～1 h 后,挑起接种帐一端,放净残留烟雾。接种人员 5 人编为一组,在接种帐中将灭过菌的工作服、鞋套、帽等穿戴好,用 2%来苏儿或 0.5%高锰酸钾溶液洗手消毒。1 人负责取袋横卧接种用的台面上,用左手指缝夹好酒精棉球,擦拭菌袋要打孔的地方,右手用塑料棒或木棒打孔。另 1 人坐在工作面台前将掰好的菌种块塞于孔中,要求菌种块大小适合,刚好塞入孔内,且不脱落。其余 3 人迅速将塞过种的菌袋用套袋套好,并系好套袋口,接种完毕。如此重复相互配合,流水作业,4～5 h 可接种 2 000 袋。

(3)接种过程中应注意的问题

①接种前,接种帐内达到消毒时间后,放净余留消毒烟雾后,工作人员不得在放烟帐口前来回走动,造成空气流动,使接种帐内外空气交流,而使灭菌无效。有条件的还可以在接种帐内加装无菌送风装置。

②接种一般以一灶或一锅为单位,一次性接完,中途工作

人员不得随意出入接种帐，防止带入杂菌污染菌袋。

5.发菌

发菌也叫培养菌丝，发菌前期菌丝萌发气温保持在24～26℃，控制室内湿度在70%以下，避光培养，每天通风1～2次，15 d后让适量散射光照入，加强通风，温度降低至22～25℃，30 d后菌丝逐渐长满袋底，表面形成菌皮，然后逐渐隆起，逐渐变成灰白色至深灰色，即为原基，可以进入出菇管理。见图5-6。

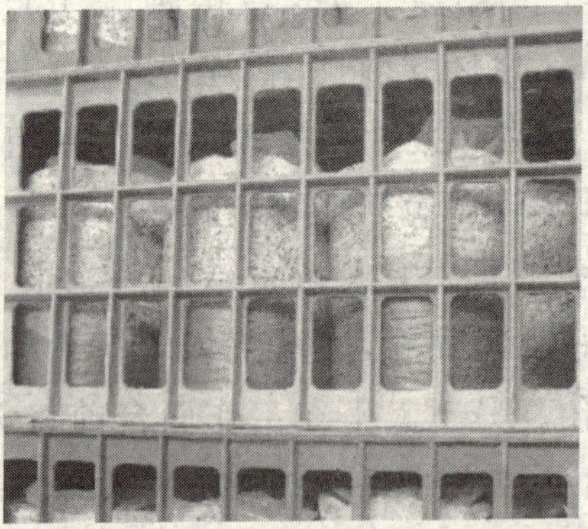

图5-6 发菌

特别注意以下几点：①由于栽培袋生产量大，培养室内须经常通风换气，以保证空气新鲜。生产实践表明，栗蘑是一种强好氧的菇类，因此通风换气是栗蘑发菌过程中一个不可忽视的环节。发菌室如果单独强调保温而透气不良，则菌丝生长速度缓慢，颜色发黄，生长线平齐，表现干枯，易感染杂菌。因此，必须强调通风换气。②要注意保湿。在温度较高，通风大的情况下，发菌室内容易过度干燥，引起培养料失水，影响菌丝的正常生长。因此,要随时注意培养室内空气相对湿度的调节,一般要求培养室内空气湿度达到50%～60%,每次调节湿度应喷洒药液如0.5%高锰酸钾水溶液或1%～3%来苏儿溶液,为环境消毒的同时调节湿度。当湿度过高时易引起杂菌污染,可用石灰粉撒于地面吸湿、消毒。

6.检查

在养菌过程中要及时翻垛,不断检查,及时挑出并处理污染的菌袋。菌袋污染大致有以下几种类型:

(1)袋口料面染菌　菌袋接种后3～7 d,袋口料面常出现杂菌,且污染的速度较快,杂菌种类以木霉、毛霉为最多。污染原因可能为:一是菌种本身带有杂菌;二是接种操作不当;三是棉塞潮湿发霉,杂菌孢子从袋口部位侵入。

(2)菌袋周身或底部污染　这类污染面积小,零散发生。细致检查可以发现污染区的菌袋有破损或微孔,杂菌以破孔为中心,向周围辐射。多因菌袋运输方法不当造成菌袋破损,或因塑料袋质量不合格。如果菌袋没有微孔但出现斑状的污染区,并伴有酸臭味,这可能是灭菌不彻底引起的细菌或酵母菌污染。

(3)菌丝干枯发黄、生长缓慢或停滞　菌袋中下部出现黄色粉末状杂菌感染,多在发菌阶段的后期发生。这种情况多是发菌室内温度过高,空气干热抑制了菌丝正常生长,使菌丝老化而染杂菌。

此外,还有其他杂菌污染的情况,要及时检查,具体分析,查找原因,提出处理意见。

7. 成品菌袋标准

在发菌条件适宜的情况下，小袋经 25～30 d、大袋经 40～50 d 发满菌，菌袋口处有不规则突起或栗蘑原基，菌袋周身白色，基本上没有杂菌污染，手握较硬，略有弹性。

二、栗蘑的仿野生栽培技术

（一）生产季节

栗蘑属中高温食用菌，各地须根据栗蘑的生长特性及当地的气候条件合理安排生产进度。仿野生栽培栗蘑的适宜出菇期在 5 月上旬至 10 月上旬。栗蘑脱袋覆土的时间掌握在 4 月份，此期气温明显回升，5 cm 地温可达 10℃左右。菌棒入地后，菌丝萌发生长，菌棒间的菌丝逐渐连接为一体，这样不仅有利于出大朵菇，而且可以提高抵抗杂菌的能力。头潮菇朵型大，产量高，质量好，一般可占总产量的 40%。

过早入地栽培，因地温低，菌丝长时间不萌发，恢复慢，并不能早出菇。若此阶段过早上大水或返冻，菌棒表面会由于刺激形成一层黄色菌皮，即使之后气温回升，菌丝再萌发也困难，菌棒间菌丝连接不好，迟迟不能出菇，或形成畸形的小老菇，从而造成减产或栽培失败。

如脱袋入地的时间过晚，如 5 月中旬以后，虽然出菇较快，菇蕾形成多，但由于菌棒间菌丝未充分连接即开始形成原基，营养不能集中，难以形成大朵菇，产量也会较低，头潮菇的转化率一般不足 10%。若入地推至 7、8 月份，不但由于气温高，杂菌及害虫滋生严重，而且第三潮菇时即天气转凉而停止生长，一般需要第二年继续进行管理出菇，使生产周期延长，用工投入增加，也会最终影响效益。

因此，一般从清明到夏至也就是 4 月初至 6 月底前都可以进行入地覆土，但以早春栽培为最佳。

（二）场地

除盐、碱地不适合栽培栗蘑外，一般土壤均可作为栽培栗蘑的场地，但是在不同土壤环境条件下，栽培栗蘑的产量会有差异。栽培场地要求水源充足、交通方便、通风良好、远离畜禽养殖场、利于排水，土壤以壤土、黄沙土为好，土质要求持水性好并具团粒结构，壤土为最好，沙土次之。也可选腐殖质含量低，弱酸性土壤（pH 为 5.5～6.5），非耕作的生地。对于仿野生栽培，选择板栗树或其他经济林地。

（三）挖畦

在场地挖成东西走向的小畦，长 2.5～3 m，过长不便管理且通风不好。畦宽 45 cm 或 55 cm，深 25～30 cm，畦间距 60～80 cm，若场地允许，设置畦的行间距 80～100 cm，作为人行道，便于操作管理及排水。在畦四周打成 15 cm 宽，高 10 cm 的土埂，以便挡水。深层土堆放一边做覆土用。畦做好后曝晒 2～3 d，病虫害少的场地、第一次种植的场地也可边挖边埋菌棒。栽培的前一天，将畦内灌一次大水，灌水多少视土壤的墒情而定，土壤干旱和保墒能力差的土壤，应灌满畦，反之少灌一些。水渗后在畦内撒少许石灰（以地见白即可）。

撒石灰的目的是增加钙质和消毒。石灰不宜使用过多，避免影响到土壤的酸碱度。若场地有害虫发生，可以同时撒一些敌百虫粉，也可配成500倍液喷洒。然后向畦内回填2～3 cm浮土，以便直立码放菌棒时找平。见图5-7。

图5-7　放线、挖畦

(四)脱袋

栗蘑菌丝长满菌袋后，开始在料表面形成菌皮，并逐渐隆起，这是菌丝生理成熟的标志。这时必须增加培养室内的光照强度，将菌袋码放得稀疏一些，目的是避免相互遮挡光线。此时调节室内温度为18～22℃。在此条件下培养并接受光线刺激15～20 d之后，可见培养基表面的隆起开始变成灰黑色，表面有脑状皱褶，同时分泌出淡黄色的水滴，这是栗蘑原基形成的标志。此时是菌袋开袋的最佳时期，若开袋太早或太迟均会影响子实体的形成和产量。在搬动菌袋和开袋操作时，都应轻拿轻放，切勿抛摔，更不能损伤袋中已形成的栗蘑原基。

菌棒脱袋覆土一般选择在晴天无风的早晚进行，边脱袋，边排袋，边覆土，边浇水，边遮阴(搭建小拱棚)，防止菌棒因长时间暴露在阳光下直射或被风吹干。脱菌棒塑料袋时将手、小刀和搬运菌棒的筐先用 2%来苏儿或 1%高锰酸钾水溶液进行消毒。将菌袋的棉塞、套环取下、收好，然后用锋利的小刀将塑料袋纵向划两道(注意不要伤及原基)，去掉外面的塑料袋即可。见图 5-8(彩图 5-8)。

图 5-8　脱袋、码棒

(五)覆土、包护帮

为了找平,畦表面先垫一层 2 cm 左右的细沙或沙土。将脱袋后的菌棒单层直立摆于畦内,菌棒与菌棒间码紧,每平方米可排放 60~80 个菌棒,上面找平以便覆土。在菌棒间隙中填入干净且湿润的沙土(湿度不够可适当加水调节),尽可能将菌棒间空隙填满。覆土可分两次进行,第一次覆土厚 1.5 cm,以刚好覆盖住隆起的原基为度。然后浇第一次水,浇水要求在畦面上喷洒,将覆土湿透、沉实,切忌灌大水,以防止菌棒浮起和覆土板结。当畦内水下渗后再进行第二次覆土,进一步将菌棒间空隙填满并保持菌棒上覆土厚度在 1.5 cm 左右。覆土完毕后,要经常调节覆土的水分,调水时应用微喷均匀喷水,掌握少量多次的原则,必须在 1~2 d 之内,将覆土层调节到适宜的湿度,即用手捏土粒成团、不粘手为度,以利于已形成的原基快速生长。

菌棒覆土后还需搭建拱棚。搭建拱棚时,挖好畦四周的排水沟,在畦四周筑成土埂,然后用薄膜将土埂包好,先在菌棒与土帮之间挖出深约 2 cm 的沟,将薄膜的下缘用土掩实,上缘用土压在排水沟内侧,即将土埂包好。包土帮的作用是防止栗蘑侧面沾有泥沙,影响品质,同时还具有一定防虫效果。然后畦面放上一层栗子大小的石子,间距 3~5 cm,目的是避免栗蘑因其菇柄短而沾上泥沙,影响品质;也可在土层表面均匀盖上一层阔叶树的树叶,或用 5 cm 长的稻草段覆盖,厚度控制在 0.5~1 cm。树叶或稻草既可以保持土层表面的湿度，又能避免栗蘑沾泥土。见图 5-9。

图 5-9 覆土、包护帮

(六)搭拱棚

在每个畦的表面上，都要做一个略大于畦的小拱棚(图 5-10)。小拱棚有两种：拱形和坡形，高度为 30～50 cm。拱棚的支架可用钢筋、竹竿、木条或树枝，支架的主梁间隔 40～50 cm。也有用竹片两端插在畦南北两侧土埂上弯成拱形，较为简单。拱棚上面放好塑料布，塑料布的南面一端可以用土压实固定，北面不固定，形成背阴棚，用于通风换气、浇水、观察等方面的管理，塑料布放好后，随即把准备好的草帘子压在塑料布上面以遮阳、隔热、降温，拱棚的两端要留有通风孔。小拱棚所需物料参见表 5-1。

图 5-10　绑棚架、搭棚膜

表 5-1　每亩小拱棚栗蘑的物料投入

所需物资	规格标准	数量	备注
菌袋	16 cm×33 cm	3 万袋	
塑料薄膜	宽 1.5 m 厚 0.6 mm	600～700 m	遮拱顶用
塑料地膜	宽 0.5 m,厚 0.2 mm	1 300 m	护沟坡用
竹片或木条	长 1.4 m	750～800 根	拱棚支架
竹竿或木棒	长 3～4 m	150～160 根	拱棚拉杆
石子或砖块	直径 1～1.5 cm	1 m^3	防菇粘土
草帘	宽 1 m,厚 3～4 cm	长 560～600 m	遮拱顶用
生石灰	粉末	30～50 kg	消毒
敌百虫	粉剂	1～2 kg	场地杀虫

(七)出菇管理

俗话说三分种七分管。精细的管理是栗蘑优质、高产的关键。根据栗蘑生理特性,进行科学管理。管理要依据栽培季节和出菇时间的不同,对温、湿、光、气“四大要素”的管理方法加以调节,但总体上可分为两个阶段:

1. 出菇前阶段

出菇前阶段(即菌丝恢复阶段)指菌棒覆土后至原基出土之前的这段时间。根据菌棒入地的时间不同而不同。一般早春 3 月覆土的菌棒,需要 50～60 d,4 月下旬至 5 月现蕾出菇。而 5～6 月覆土的菌棒,10～15 d 便可现蕾出菇。

出菇前阶段管理的重点是水分管理。按规程排放好菌棒后,早春 3 月温度低,一般 10 d 内不能浇大水。根据土质保水性能不同,可每日或几日适当喷水,以保持覆土表面不干裂,拱棚内空气相对湿度 60%～70%。10 d 后可适当增加浇水量,每天上水 1～2 次,使棚内空气相对湿度提高到 70%～80%。出菇现蕾时,进一步增加水量,使覆土保持湿润,棚内空气相对湿度达到 85%～90%。

其次是温度管理。早春栽培气温低,可采用增温管理方法,增加拱棚内地温,以促进出菇。此时适当减少通风,可不必考虑光照的强弱问题,揭开草帘为拱棚内增温。

通风管理很重要。拱棚的两端留有 10～15 cm 的通风口,有风时盖严,即有风防风,无风通风,保持棚内空气新鲜。

见图 5-11。

图 5-11　菌丝恢复期管理

此期若管理不当往往会遇到以下情况：

（1）覆土表面出现杂菌感染。如绿霉、毛霉和根霉等杂菌，主要原因是通风不良，遮阴不及时或覆土中杂质过多引起。预防措施：加强拱棚内通风，减低空气相对湿度，控制拱棚内温度不超过 25℃。

（2）覆土内菌棒表面形成褐色菌皮，菌棒间菌丝连接不好。主要原因是由于栽培过早加之过早浇大水，使菌棒长时间处于低温、高湿状态而限制菌丝的萌发。预防措施：栽培较早时，因气温低、水分散失较少，可减少浇水次数，或减少遮阴厚度，夜晚保温，使畦内温度达到菌丝萌发所需的温度。

(3)覆土内菌棒失水，表面出现杂菌感染。主要原因是由于覆土含水量过低引起的。预防措施：覆土前一天畦内要灌水，覆土后要用水润透，不能有干土存在。

2. 出菇阶段

4月底以前脱袋栽培，5月中旬以前达不到出菇温度，一般都要到5月中、下旬才能出菇，头潮菇朵大质好。在6、7月份脱袋栽培的，一般15～20 d即可出菇，但是第一潮菇产量较低。有的第7天就可出菇，是袋内原基直接生长形成的，朵型较小。按前述管理，一般经过25～85 d就可出菇，出菇的早晚主要取决于温度的高低，另外与覆土的厚薄，畦的深度有关。温度高、覆土薄、畦浅出菇早，相反出菇则晚些。

气温在15～20℃，经过10～15 d的培养，灰黑色的小菇蕾就会长出覆土层，初期成团，如脑状皱褶并分泌黄色小水珠。这些水珠与栗蘑分化有关，水珠下面有小孔，随着原基生长增大，小孔增大形成凹陷。没水珠的地方凸起，形成类似大脑沟回状结构，凸起的尖端为生长点，能继续生长、分裂使凸起进一步伸长，形成分枝，形似珊瑚，并开始出现朵片的雏形。有的分枝还能再分枝，形成树枝状，最后在分枝末端分化形成菌盖，菌盖边缘为生长点，使菌盖进一步伸长进而发育成一朵多分枝的栗蘑。

原基形成以后，要增加畦内湿度，加强通风，增强光照和适当调控温度，创造栗蘑生长发育所需的最佳条件，达到高产优质的目的。管理要点如下：

(1)增加湿度　出菇时菌棒的含水量为65%～70%，畦内空气湿度要升到85%～95%，每天向畦内上3～4次水，上水次数和水量视天气和菇棚情况而定，晴天多上，阴雨天少上，甚至不上。大风天气多上，无风天气少上。保湿好的菇棚少上，保湿差的菇棚勤上水。温度低时少上，温度高时多上，保持菇棚湿度。原基刚形成至分化前，不能直接向原基上浇水，更不能用水淹没，可用喷雾器喷或向原基周围洒水增加湿度，一般需要3～5 d时间。栗蘑分化以后，每天可浇一次水，让水从畦的一端刚流到另一端即可，注意不要积水，更不要淹没栗蘑，浇水时不要激起泥沙。对保湿能力差的棚或空气特别干燥时(如遇干热风)，可在畦内挂上湿麻袋或湿草把等增加湿度，以抵御干热风的袭击。采菇前1～2 d，不要直接向菇体上淋水，只能向周围洒水，以保证其适宜的含水量，提高商品价值。菌袋含水量低于40%或空气湿度长期小于50%时，原基不能长出地面，形成角质化的黄色硬块。原基上的水珠如多次被水冲掉，则原基不再分化或从四周再形成新原基发育成畸形菇。

(2)加强通风　原基形成以后对氧气需求量增加，要加大通风，减少畦内二氧化碳含量。通风和保湿是相互矛盾的，为了解决这个矛盾，须结合水分管理进行通风，通风一般选在无风的早、晚温度较低时进行，在上水的间隙将北侧薄膜掀起，通风 0.5～1 h，通风时要用水淋湿栗蘑，对刚形成的原基要避开通风口，通风在其他部位进行。除定时通风外，在棚的两端要留有永久性的通风口，在干旱季节，通风口要用湿草把遮上，使畦内既透气又保湿。通风不良影响栗蘑分化，轻者形成空心菇，即蘑菇中央的分枝不分化，不能形成菌盖，只是四周分化形成菌盖。重者由于二氧化碳含量过高抑制分化，严重造成溃烂死亡。见图 5-12。

图 5-12　通风管理

(3)适当光照　原基形成不需要光，但原基形成以后需要较强的散射光，因此在畦的南面加盖草帘，使阳光不能直射畦内，散射光从阴面塑料膜射入。光照强，栗蘑菌盖颜色深、香味浓。

光照异常导致的现象有三类：一是长柄菇。由于光线太暗，分枝形成较少，长成无菌盖或菌盖扁长的长柄菇，且颜色浅，无香味。预防措施是原基形成后，使畦内散射光达到能阅读书报的强度。二是白色菇。由于光线较暗，虽然能分化，但菌盖颜色浅或呈白色，蘑菇香味小。若由于菇棚搭建不合理，可在光线不太强的早、晚，掀起草帘照光 20 min 至 1 h，每天 1～2 次，照光时用水淋湿栗蘑，直至栗蘑颜色较深为止。三是黄斑菇。由于遮光措施差或建畦时方向不正确，使阳光直射畦内，形成灼伤菇。原基阶段，轻者出现黄水珠影响分化，严重者，水珠被晒干，形成黄褐斑，不再分化。已分化的子实体，轻者被晒蔫，影响生长，重者被灼伤形成焦黄色，停止生长。

(4)适宜控温　栗蘑从现原基到采菇的时间随温度高低而异，如气温 16～24℃，一般 18～25 d 采菇；如气温 18～26℃，一般 15～20 d 采菇；如气温 22～30℃，一般 12～16 d 采菇。在栗蘑菇体发育期，畦内温度超过 25℃时，就要通过加厚遮阴物，上水和通风等措施降温。畦内温度处于 30℃以上时很难形成原基。见图 5-13。

以上 4 个方面是相互协调统一的，任何一方面达不到要求，都可能使栽培失败，造成经济损失。

图 5-13　喷水和加盖拱棚降温管理

(八)采摘

栗蘑从现原基到采菇的时间,在其他条件相同的情况下,随温度的不同而有所不同,在气温 16～24℃时,一般 18～25 d 可以采菇。但这不是绝对的,应根据子实体生长状况来定,一般八分熟就可采摘,成熟一朵采摘一朵。采摘的标准如下:

1.观察生长点

如栗蘑生长过程中光线充足,菌盖颜色深,能观察到菌盖外沿有一轮白色的小边,即菌盖的生长点。当生长点变暗界线不明显，边缘稍向内卷时即可采摘。对于管理不当而菌盖颜色浅白者或白色变种，不应参照此标准。

2. 观察菌孔

栗蘑幼嫩时，菌盖背面白色光滑，成熟时背面形成子实层，出现菌孔。栗蘑采摘以刚形成菌孔，菌孔深度不超过 1 mm，尚未释放孢子，菇体达到 7～8 成熟时为采摘最佳时期。实践表明，适时采收，栗蘑香味浓，肉质脆嫩有一定韧性，商品价值高。过迟采收，菌孔伸长散发孢子，栗蘑木质化且变脆，口感差，易破碎，商品价值降低，菇潮次数减少。过早采收，影响产量。

3. 采摘方法

采收前两天应停止向菇体喷水，准备好盛放栗蘑的塑料筐和小刀。采收时，不要损伤菌盖，保证菇体完整。为减少破损率，可用手托住菇体的底面，用力向一侧抬起菇根即断，不留残叶，不损伤周围的原基和幼菇。采收后，用小刀将菇体上沾有的泥沙或杂质去掉，以免沾污其他菇体，轻放入筐。采摘后捡净碎菇片，清理好畦面。畦内 2～3 d 不要浇水，让菌丝恢复生长。3 d 后上一次重水，继续按出菇前的方法管理，过 15～30 d 出下潮菇，但也有潮次不明显连续不断出菇的情况。见图 5-14。

图 5-14　成熟菇及采收

三、栗蘑双棚栽培技术

栗蘑双棚栽培技术是指用遮阳网或草帘在外层搭建成大阴棚，内层再搭建小拱棚，这种栽培模式最早在迁西县得到应用，适合规模化生产。其优点是可以接近于野生栗蘑的生长环境，营造“7 分阴、3 分阳”的小气候环境，适于栗蘑的生长发育；由于无草帘遮阳，虫害及畸形菇减少，栗蘑质量高；管理方便，土地利用率高，适于规模化栽培，每亩地可栽培 3 万～3.5 万袋；节水、节能，可采用自动滴灌系统，便于调节棚内温、湿度。其主要栽培技术要点如下：

(一)搭建阴棚

仿照栗蘑的野生环境搭建阴棚。选择排水方便,地势较平的地方作为场地。若采用竹木结构,可选择直径为 10 cm 以上的竹、木作柱,柱高 2.5~3 m,埋深 0.5 m,沿场地四周每隔 3~4 m 立一柱,柱最好立在排水沟中,便于人行和操作管理,柱顶端或叉形或纵剖半圆形,便于固定横梁。然后把粗 8 cm 以上的横梁放于柱顶再用铁丝扎紧,上面以木棍或竹竿为经纬,横架于横梁上,用铁丝扎牢。用遮阳率 95%的遮阳网遮阴,可在柱的顶端用 8 号铁丝东西、南北拉紧固定立柱,然后将遮阳网固定在铁丝上,遮阳网距地 1.9~2 m。菇场周围用遮阳网围挡,达到防风、保湿的作用。也可以采用生物仿生降温技术,在场地四周栽种丝瓜、葫芦等蔓生作物,既遮阳又收瓜果,一举两得。此种模式也可以用钢架结构焊制小拱棚,成本相对较高,但耐用,一般可用 5~10 年。见图 5-15。

(二)挖畦

畦为东西向,畦宽 80 cm,深 8 cm。畦床内,畦间沟宽 40 cm。排水沟的深度、宽度应根据土质、坡度、地势高低、地下水位高低而定,要求达到排灌两便,雨季不积水。

(三)菌棒覆土

脱掉栗蘑菌袋,摆入畦床内,使菌棒露出地面 1/3,然后将挖坑土覆到栗蘑菌棒上面,四周亦须用土遮严,使之铺成高于地面 5~6 cm,宽 80 cm 的菇床。

图 5-15　阴棚及铁架小拱棚栽培模式

(四)搭建拱棚

菇床上用 8 号铁丝或竹片每间隔 1.5 m 架一半圆拱,高 30 cm 左右,两端插在畦两侧的土埂上,用长竹片将拱架横拉固定,覆盖薄膜形成小空间,每隔 3～4 m 留 20 cm 的通风口,这样有利于保温、保湿、防雨、防风。

(五)出菇管理

出菇前盖好薄膜保湿,每隔 10～15 d 上一次重水。出菇后,上水采用雾化微喷,晴天揭开薄膜,每隔 2～3 h 喷雾一次,温度高时,间隔时间可短些,喷雾时间一般 10～20 min,长短取决于土壤含水量及空气湿度。夜间和阴雨天罩好薄膜，停止喷水，防止雨水溅起泥沙，沾污栗蘑。

采用该栽培模式如果管理不当，会出现一些菇体异常现象。常见的菇体异常现象及产生原因如下：

1. 原基枯黄

由于环境干燥，光线太强（阳光直射），会造成小拱棚内温度过高，使原基分泌的水珠消失。原基枯黄，不能分化，形成木质化的斑块。

2. 小菇、密菇

由于栽培较晚，气温适宜，栽培后很快出菇，菌棒尚未连成一体。或由于栽培过早管理不当，使菌棒周围形成黄色菌皮，菌棒不能充分连接，温度适宜后出菇迟，菇体小而密，且易老化。

3. 出菇缓慢

栽培时覆土过厚（超 3 cm）或畦挖得太深，将使出菇推迟 20～35 d。

4. 菌棒发霉

遇上高温天气，若通风不良，就会引起覆土或菌棒局部霉害，或栽培后上水不及时或菌棒周围有干土，水未润透，使表面菌丝失水死亡发生霉害。

四、栗蘑的温室反季节栽培技术

鲜栗蘑很受市场欢迎,但每年 10 月至来年 5 月是小畦拱棚(仿野生)栽培的淡季。为解决冬季低温限制栗蘑生产的问题,可利用暖棚在晚秋及初春栽培栗蘑,实现栗蘑的反季节生产、供应(图 5-16),此时鲜菇上市价格高,经济效益较好。其主要栽培技术要点如下:

图 5-16　温室反季节栽培模式

(一)菌种选择

选用适合本地生长环境、优质高产、抗杂菌、抗逆性强、无污染的优良低温型品种。菌种要求:菌丝粗壮、长势旺盛、浓密洁白、菌种表面有原基形成闻之有菇香味的适龄菌种。

(二) 温室要求

为实现栗蘑反季节栽培,最好采用日光温室。栗蘑对日光温室要求较为严格,除具有普通温室所应具备的功能外,还要增加棉被、地热线、暖气、热水管道等增温设施。棚内采暖最好不用燃煤炉,以免造成棚内的二氧化碳浓度增高,形成畸形菇。棚内一般以 pH 为 5~7 的沙壤土或壤土为宜。

(三)栽培时间

当地温低于 10℃的时候开始覆土,过早栽植栗蘑的价格较低,经济效益较低。例如秋冬季栽培可以在 8 月份生产菌袋,9 月发菌,10~11 月栽培,12 月开始出菇,可赶在元旦春节期间上市。但须注意以下问题:

(1)培养料及时装袋、灭菌。8 月份气温较高,培养料如不及时装袋、灭菌,易发酵变酸,影响菌丝生长,因此要求从拌料至灭菌的时间不得超过 4 h。为减少污染,可适当减少麸皮和糖的用量。

(2)接种时料温不宜过高。8 月份气温较高,菌袋灭菌后,冷却较慢。要确保菌袋料温降至 30℃以下方可进行接种,防止高温热死菌种。

(3)防止高温高湿。发菌管理上重点是降温通风,湿度控制在 70%以下,以防棉塞发霉。

(四)做畦或搭架

1. 做畦

铺设电热线或热水管道。为了提高温室空间的利用效率,畦床宽度一般根据温室宽度而定。以 7 m 宽 100 m 长的温室为例,畦床采用东西走向,畦宽 2.5 m,长 45 m,畦间距 0.8～1 m,畦深 20～25 cm。在做畦的过程中要铺设好电热线或热水管道,并在上面铺一层 5 cm 厚的土层,土层不能过薄或过厚,过薄容易烫伤菌丝,过厚又影响热量的散发,铺设供热管道时要把管道和畦底夯实,不要悬空,以免在栽植菌棒的过程中把管道压弯或压裂。栽植前 3～5 d,往畦内注水,水深为畦深的 1/3,待水渗干后,在畦内撒少许石灰,石灰以见白为宜,以增加钙质及消毒,然后往畦内回填 1 cm 厚的新鲜土。

2. 搭架

用空心砖和石棉瓦搭建层架和栽培槽,每排架子间隔 80 cm,每个架子可以搭建 3～4 层的栽培槽。层与层高度为 60 cm,栽培槽长 250 cm、宽 60 cm、高 30 cm,每个栽培槽栽培 120～130 个菌袋。

也可以用木板、竹竿或水泥柱等搭建宽 60 cm、层高 60 cm、长度不限的架子,用长 60 cm、宽 40 cm、高 30 cm 的泡沫箱覆土栽培,每箱码放 12 或 16 个菌袋。

(五)覆土

栽植菌棒前,用4%的来苏儿将工具、菌棒外包装袋、手消毒,然后用小刀划开菌棒外的塑料袋并将其剥掉,按接种孔向上依次把菌棒排放在畦内,因菌棒长短不一,要以上表面平整为准。菌棒栽植完毕 ,用新土把菌棒之间的缝隙填实,并在菌棒表面覆一层1 cm厚的土层。因为栗蘑有靠帮生长的习性,为防止栗蘑沾上泥沙,菌棒排放完毕,要用塑料薄膜把畦帮包起来,注意薄膜不要压到菌棒的底下。为防止栗蘑出菇时沾有泥土,可在畦面上铺一层小石块。

(六)出菇前的管理

出菇前主要控制好温度和湿度,此管理阶段不要上大水,要少而勤,上水时间一般选在11:00～13:00,每2～3 d喷水1次,喷水量为2～3 kg/m^2,棚室湿度控制在75%左右,通风时选在中午前后,通风时间为0.5 h左右,通风口不宜过大。

(七)出菇后的管理

1.温度管理

因冬季气温较低,温度管理非常重要,温度一般控制在22～28℃,早晚要增加暖气的供给时间,增加供暖温度,当温度达到28℃以上,采用加大通风量、加盖遮阴物、减少暖气的供给来控制棚室温度,最高不要超过30℃。

2.湿度管理

原基形成以后,棚内的湿度要相应增加,上水还是要以小而勤为原则，每天上水2次。原基刚形成时，不要把水洒到栗蘑原基上，以免把原基上的小营养珠浇掉。原基分化以后，可以直接把水浇洒到菇体上，此时湿度一般控制在85％～90％。

3.通风管理

菇体开始分化后，对氧气的需要开始加大，此时要增大通风量，保持室内空气清新无异味，但因冬季温度低，要处理好通风与温度的关系，一般以增加通风次数，减少单次通风时间为原则。

4.光照管理

栗蘑生长需要较强的散射光，早晚可适当增加弱直射光，阳光充足时，要加遮阳设施以免直射光照射到菇体上。总之，要正确处理好光、温、水、气的关系，根据栗蘑的不同生长阶段，创造适宜栗蘑的最佳生长环境，达到较高的经济效益。

（八）采收

当子实体背面出现针尖大小的菌孔时，便可采摘了，过早采摘产量低品质差，过晚采收减少出菇茬次，降低菇体香味。采摘方法：两手平伸插到栗蘑底部，用力向一侧抬起，不要垂直向上拔起以免带出菌棒，采摘后用小刀把栗蘑上沾有的泥沙和草棍清除干净，然后放到有保温设施的容器内，采摘要做到轻拿轻放，保持栗蘑的完整，避免压损栗蘑。

(九)病虫害防治

冬季温度较低,空气和土壤中的杂菌和病虫害不活跃,所以冬季虫害发生较少,一般以防止病害发生为主,常见的病害有腐烂菇和鹿角菇。

1. 腐烂菇

(1)症状　原基和子实体部分或全部变黄,时间长了变成泥状并伴有刺激性臭味。

(2)病因　通风不良、湿度过大、强光照直射到子实体或机械性损伤。

(3)防治方法　保持温室内空气清新,调节好湿度,子实体避免接触硬物。腐烂菇有传染性,一旦发现要及时清除子实体以及子实体附近的土壤并深埋到远离出菇场所的地方。

2. 鹿角菇

(1)症状　子实体白色,有枝无叶,形似鹿角。此类菇易老化、味淡、产量低,商品价值低。

(2)病因　光照不足、通风不良,氧气供给不足。

(3)防治方法　根据菇体颜色,适量增加光照时间和强度,增加通风次数和时间,使棚室内空气清新。

五、栗蘑的大棚栽培技术

栗蘑床架立体袋式栽培技术主要在浙江庆元县应用,该栽培技术不同于迁西县的仿野生栽培,而是在大棚内采用床架放置菌棒，不覆土出菇，菇体洁净，可以出 2 潮菇，生物转化率一般为 60%左右(图 5-17)。其栽培技术要点如下：

图 5-17　大棚不覆土栽培模式

(一)开袋

菌袋在 23℃左右培养 50～60 d，培养基表面菌丝隆起，此时将培养温度降到 20～22℃，同时给予较强的光照，6～10 d 后袋内出现灰黑色原基。待原基发育长大些，拔掉棉塞和套环，用塑料绳扎紧袋口，将多余的塑料剪掉，用刀片在扎口两侧的培养基顶面轻划 2 个“X”形割口。如果菌袋中的原基已顶到棉塞，则保留套环，以便让菇体从袋口长出。

(二)上架

将处理好的菌袋转移到光线充足、湿度80%以上、16～20℃的大棚内上架床,为利于栗蘑菇体伸展,袋与袋间隔3 cm,每平方米架床摆60～70袋。

(三)管理

栗蘑是最喜氧的食药用菌,因此大棚的通气孔要长期开启使空气对流。气窗口最好有纱网,以防蝇虫侵害。此阶段管理技术的关键,就是如何调节通气与保湿之间的矛盾。天气晴干时,每天早、中、晚各喷雾水1次,湿度保持在90%以上,温度16～20℃。刮大风时,可暂闭窗口保湿、保温。

(四)出菇

菌袋进棚上架10～15 d后,灰黑色的小菇体逐渐伸出菌袋,初期似脑状皱褶,分泌黄色液滴。此时如擦掉液滴,则幼菇停止发育。菇体渐成珊瑚形,进而发育成扇形菌盖,呈覆瓦状重叠。随着菇体的长大,菌盖表面颜色由深灰黑色渐变成浅灰色,菌盖背面的白色子实层形成,菌孔显现。菇体长大后与料面的角度变小,逐渐平展。过熟的菇体,其扇形菌盖向下垂卷,弹射孢子,菌盖色泽变白。

无覆土栽培的栗蘑菇体由于无土层支撑,菌柄较长且菇形较小,但其基部洁净。要想增大菇体,则需增大菌袋培养料重量,日本工厂化栽培所用的菌床,含干料1 kg,比我国迁西及庆元的菌袋增重1倍。

(五)采菇

菌袋入菇房20～25 d之后,菇体八分熟就可采摘,要成熟一朵采摘一朵。采摘的标准如前述。头潮菇 200 g 左右，转化率 30%～40%。经适当管理，菌袋可出二潮菇，总转化率一般为 60%～70%。

六、栗蘑其他模式栽培技术

(一)闲置房屋覆土栽培技术

近几年在偏远地区，部分村民由于搬迁导致房屋闲置，还有部分近郊建设厂房出租，但没有合适用途导致闲置，还有养鸡场由于政策原因导致闲置等，这些闲置的房屋都可以用来栽培栗蘑(图 5-18)。

图 5-18 闲置房屋栽培模式

利用闲置的房屋，采用菌袋入地覆土，加装微喷保湿的栽培模式，其特点是省工、省力，便于管理；充分利用闲置的房屋；温度、湿度易于调节；可通过更换覆土多年同地栽培。

1. 地面及空间处理

如已经硬化可以在地面上铺一层 5 cm 厚的土层。没有硬化的地面，可以撒一层石灰消毒，并对房屋空间用药剂熏蒸或喷洒药剂进行消毒。

2. 脱袋

将发满菌经过后熟的菌袋脱去塑料袋，清除菌袋顶端的老菌皮。

3. 码袋

一般码 4～6 个宽，长度因地制宜，但要留有走道便于日常管理。码放菌袋是要一个挨一个码紧码实，上面保证平整。

4. 覆土浇水

第一次覆土，将经过消毒的土均匀撒在码好的菌袋缝隙及表层上，厚度在 1.5 cm 左右；浇水，用水管接花洒头，进行喷淋浇水，浇水时注意一定要浇透，但不能让菌棒漂起来；第二次覆土，浇水后，有部分菌棒裸露出来，用消过毒的散土，进行补土覆盖。菌袋四周也要用土做成围挡。

5. 摆石块

为防止栗蘑出菇时沾有泥土，可在畦面上 10 cm^2 左右铺一块鸽子蛋大小的石块。

6.管理

栗蘑菌袋覆土后，进入菌丝恢复和出菇管理期。

(1)菌丝恢复期管理　菌袋入地后，菌丝开始恢复生长，逐渐将每个菌袋菌丝连接起来，此时注意调控温度、湿度即可，此时期需要 7～30 d 时间，时间长短与温度有关。温度：地温一般维持在 15℃左右，气温维持在 20℃左右，可以通过调节遮阳物进行温度调控，温度低可以掀起部分遮阳物；湿度：要保持覆土层是湿的，土壤含水量在 65%左右最好，土层过干可以采取喷水措施，喷水最好是早晚进行，避免中午喷水。

(2)出菇期管理　菌袋覆土后大约 10 d 后，早晚进行通风换气，拉大温差刺激出菇；当现蕾后，注意温度、湿度、氧气三者的协调。土层过干早晚及时喷水，有条件可以安装雾化喷灌，也可以用喷雾器喷水，原则是少量多次，尽量不要直接喷到菇蕾上，一般喷水后紧跟着通风，避免湿度过大病害发生，通风是为了降低湿度、增加氧气，降低二氧化碳浓度，避免畸形菇。一般现蕾后 15～20 d 即可采收。

7.采收

当栗蘑的菌盖展开，颜色由深变浅，栗蘑从原基出现到采收，在条件适宜情况下，随温度不同而有所不同：气温在 16～24℃，18～25 d 可以采收；气温在 18～26℃，15～20 d 可以采收；气温在22～30℃，12～16 d可以采收。但不是绝对的，要根据子实体生长状况来定，一般6～8分成熟就可以采摘，要成熟一朵采摘一朵。此时产量高，品质好。采收过早，影响产量，采收过晚，影响品质。采收时无论大小一次采完，两手托住子实体往上轻提即可。栗蘑一次栽培可采收4～5潮菇，每次采收后，都要清除料面老化菌丝和死菇，再覆少量土，避免栽培袋过多失水。经管理15～20 d后可出下潮菇。

（二）温室地栽草莓套种栽培技术

近几年，草莓温室地栽已突显出诸多问题：一是土传病害、重茬种植，导致草莓后期产量下降，拉秧提前；二是地栽草莓拉秧后到下茬栽种空闲时间较长；三是政策影响导致草莓产值下降，农民收入减少。四是多年连作，土壤营养富集，物理性状急需改善。地栽草莓套种栗蘑是一种很好的栽培模式。

地栽草莓套种栗蘑有如下优点：一是在地栽草莓后期，在走道隔行覆土栽培栗蘑。充分利用空间，不影响草莓采摘。二是充分利用草莓拉秧后的空闲期进行出菇，提高土地利用率。三是充分利用草莓、栗蘑对温度、湿度、光照、气体的互补。温度：草莓最适宜的温度为20～26℃，栗蘑最适生长温度22～26℃；湿度：草莓果实生长期最适湿度为60%～70%，栗蘑覆土栽培菌丝恢复期，对空气湿度要求不严格，出菇期最适湿度为85%～95%，二者完全可以互补；光照：草莓生长需要光照，栗蘑出菇期同样需要散射光；气体：草莓进行光合作用吸收二氧化碳释放氧气，栗蘑生长呼出二氧化碳，吸收氧气，二者互补。四是丰富采摘种类，增加农民收益。五是改善土壤物理结构，栗蘑覆土栽培，菌丝可以从土壤中吸收富集的各种养分，增加栗蘑的产量、品质；栗蘑出菇结束后可以结合土壤消毒，将栗蘑的菌糠翻入土壤，可以增加有机质的含量，从而改善土壤物理结构。见图 5-19（彩图 5-19）。

图 5-19　地栽草莓套种栗蘑栽培模式

1. 整地

地栽草莓隔行走道进行裁切做成栗蘑的栽培畦。一般并排码放 3 个菌棒宽约 30 cm，长度依据温室跨度而定，深度约 20 cm，菌袋覆土后低于草莓栽培垄。适当撒石灰和喷杀虫剂，进行土壤消毒。

2.脱袋、码袋

将菌袋脱去塑料袋，去掉袋口的老菌皮。码放时3个并排码放，尽量让上面平整。

3.覆土浇水

菌袋码好后，用经过消毒的细土均匀撒在菌袋上，注意填满菌袋缝隙。覆土厚度1～1.5 cm。将草莓垄上的滴灌带移到栗蘑栽培畦上，采用滴灌方式，注意一定要使土壤含水量达到80%以上，个别菌袋有裸露的可以少许补土。

4.搭建小拱棚

用竹坯子，每隔50 cm插一个小拱，将原来覆盖草莓垄的地膜拉上来对接搭上，作为小拱棚的棚膜，搭建成小拱棚。最后用黑色地膜，有利于菌丝的恢复。

5.出菇管理

一般在3月底时进行菌袋入地，菌袋入地后进入菌丝恢复期。菌丝恢复期结合草莓管理适时通风换气，并观察覆土层含水量，进行见干见湿管理。直到菌丝返上覆土层后，浇一次大水诱导菇蕾形成。40 d左右形成菇蕾，当菇蕾形成后，撤去小拱棚，草莓已经进入后期拉秧阶段，及时拉秧，清除杂草，并用药剂熏蒸灭虫，也可以用糖醋液诱杀害虫。安装微喷，控制温度、湿度、氧气、光照等，按栗蘑正常出菇管理。

6. 采收

栗蘑成熟标准：永久性标志，栗蘑幼时菌盖背面白色光滑，成熟时，背面形成菌孔。栗蘑采摘以刚形成菌孔为采摘最佳时期。辅助性标志，如栗蘑生长过程中光线充足，菌盖颜色深，能观察到菌盖外沿有一轮白色的小边，即菌盖的生长点。当生长点界线不明显，边缘稍向内卷时即可采摘。对于管理不当，菌盖颜色浅，不能参照此标志。

过早、过晚采收，均对产品的产量、质量与菇潮次数有影响。实践证明，子实体成熟后如不及时采收，菌孔伸长散发孢子后，栗蘑逐渐木质化变脆，商品价值变低，菇潮次数就会自然减少；过早采摘，影响产量。因此，掌握子实体成熟度达到6～8分时采摘，较为适宜。

第六章　栗蘑的病虫害防治技术

栗蘑出菇期较长，特别是贯穿整个高温夏季，时常发生病虫侵害，在坚持以防为主综合防治的同时，通常还采用如下应急防治措施：

(1)发现局部杂菌感染时，通常用铁锨将感染部位挖掉，并撒少量石灰水盖面，填湿润新土，拢平畦面，感染部位较多时，可用5%草木灰水浇畦面一次。

(2)发现虫害，用高效氯氰菊酯浓度为4.5%制剂1 000倍液喷洒到畦面无菇处。用低毒高效农药杀虫，应当严格执行安全间隔期，避免产品农药残留。

(3)在7～8月份高温季节，当畦面有黏液状菌棒出现时，用1%漂白粉液喷畦面以抑制细菌。

一、杂菌危害及防治

(一)菌种期

1. 细菌性病害污染现象

对食用菌危害细菌种类很多，较常见的有芽孢杆菌、假单胞杆菌、黄单孢杆菌、欧氏杆菌等。

菌种的细菌污染主要源于消毒(灭菌)过程中还存活的抗热细菌而引起的,它不像气生的中温性细菌是消毒之后通过菌种袋或瓶的间隙而进入的。第一类细菌性变质称为“湿斑”或“腐烂”,变质发生的过程很快,只需要一个晚上就能影响到整批或几批菌种。如果连续污染就会给菌种生产造成巨大损失。湿斑开始发生于菌种基料之间的接触点,经过一段时间,就会出水,并形成湿斑。在适宜的条件下,细菌每隔 20～30 min 就繁殖裂变一次。第二类细菌性变质使菌种成为酸败菌种。其表现症状为其外观生长良好,就像好的菌种一样,但到菇农手中就出水泛酸。这种细菌是由于灭菌不彻底而存活在培养料中,在蘑菇等食用菌菌丝生长时保持不变,因此,菌种生长正常,从表面上看是正常的,假如把这些菌种放在 32～37℃的环境中,细菌就开始活动了,并使菌种酸败,如果把酸败的菌种再放到 2～4℃的环境中,细菌的营养细胞又会逐渐消失,菌种又会长满菌袋。

(1)危害症状　在食用菌生产中,细菌是污染杂菌的一个大类,细菌与酵母菌相同,都不具备菌丝结构,在食用菌菌丝生长阶段,以污染母种斜面培养基和谷粒基质为主,而在秸秆及粪草基质上表现不太明显,但在子实体生长阶段,却有着较高的发病率。细菌最大的特征是无菌丝形态,菌落不规则,在 PDA 培养基上接种后,经过一段时间培养后可使培养基裂开;细菌污染基料或侵染子实体后,可使基料里菌丝或菇体短时间死亡。

马铃薯斜面菌种受细菌污染后培养基表面呈现潮湿状,

有的有明显的菌落，有的散发臭味，食用菌的菌丝生长不良或不能生长。栽培过程中培养料受大量细菌污染后，有的细菌可能对食用菌的菌丝生长有益，有的则有害，使培养料变质发臭而腐烂。特别是麦粒菌种生长时发生细菌污染严重，菌种瓶壁上有明显的黏稠状细菌液及散发出细菌腐烂的臭味，致使食用菌的菌丝不能生长。细菌除污染食用菌菌种外，在栽培过程中，也可使培养料变质、发臭、腐烂，致使减产或绝收。部分细菌还可以寄生于食用菌的子实体，引起寄生性病害，在潮湿的条件下，病斑表面可形成一层菌脓(黏液)。

(2)细菌性病害发生的原因　细菌可危害多种食用菌。试管母种常感染细菌，造成报废。细菌性病害发生的主要条件是环境中病原菌较多、养菌或出菇时湿度偏高、通风差等。

细菌生长对基质要求有较高湿度，还需要适宜的偏碱条件。危害食用菌的细菌主要有 3 个属:假单孢杆菌属、黄单保杆菌属和芽孢杆菌属。

假单胞杆菌属，革兰氏染色反应阴性，在固体培养基上，形成白色菌落，有的产生色素。黄单胞杆菌属，革兰氏染色反应阴性，能产生非水溶性的黄色色素，在固体培养基上形成黄色黏质状菌落。芽孢杆菌属，革兰氏反应阳性，生有鞭毛，产生芽孢，芽孢能耐 80℃以上高温 10 min 以上。芽孢杆菌属可感染固体母种培养基、液体菌种培养基、原种和栽培种培养料，引起杂菌感染。

固体母种感染细菌，每个细菌细胞可在斜面上形成一个菌落。菌落形态各式各样，有的呈圆形突起小菌落，不扩展；

有的迅速扩展，很快长满整个斜面；有的先沿着斜面边沿生长，然后再扩展。有的菌落表面光滑，有的粗糙，有的皱褶。有的乳白色、淡黄色、粉红色、暗灰色，有的产生色素，使培养基变色。细菌菌落可先从食用菌接种块处生长，也可在斜面上各处生长。细菌菌落不产生绒毛状菌丝体。还有一种杂菌叫酵母菌，菌落形态呈黏液状，不产生菌丝体，与细菌菌落不容易区分。

而霉菌一般先长出绒毛状白色或淡白色菌丝体，菌落逐渐向外扩展。然后从菌落中心部位长出孢子，不同霉菌的孢子有不同的颜色（有黑色、黄色、橘红色等），使中心部位变色。

细菌广泛存在于自然界中，土壤、空气、水、有机物都带有大量的细菌，高温、高湿利于其生长，条件适宜时从污染到形成菌落仅需几个小时。尤其在高温季节，试管培养基在灭菌和接种过程中，常因无菌操作不当而被细菌侵入，很快地长满斜面，接入的菌种块被细菌包围，导致报废。培养料在低温下发酵，由于水分偏高，堆温难以上升而造成细菌性发酵，造成培养料发黏、发臭，即使再经灭菌后菌丝也难以萌发和吃料。在生产中常因细菌危害而报废大量的菌种和发酵料。

在食用菌的细菌危害种类中，以芽孢杆菌抗高温能力最强，它所形成的休眠芽孢必须通过 121℃ 的高压蒸汽灭菌或正规的间隙灭菌方法才能将其杀死。因此，灭菌时冷空气没有排除干净或压力不足，或保压时间不够，是造成细菌污染的重要原因。此外，接种室或接种箱灭菌不彻底，操作人员未严格遵守无菌操作规程，或菌种本身带有细菌，都是细菌污染的原因。从培养基或培养料的条件上看，pH 呈中性或弱酸性、含水量偏高，有利于细菌生长；从温度条件上看，高温或料温偏高时有利于污染细菌生长。

(3)防治方法

①菌种分离、提纯或转管扩大培养过程中，首先要保证培养基、培养皿等灭菌彻底。并要求经过灭菌的培养基放在30℃左右的恒温箱中存放 2 d 后再用，以确保无细菌污染。

②接种时必须严格按照无菌操作规程进行。

③菌种生产时要确保母种或原种无细菌污染。控制适宜的含水量，水不能太多，温度也不能太高。

④栽培过程中首先要求培养料的原料如稻草、麦秸、棉籽壳、玉米芯等干燥、新鲜、无霉变现象；其次是培养料进行高温堆置和二次发酵处理；三是拌料时要用清洁干净的井水或河水，不能用田沟中的污水；四是将 70％的“金点二代克霉灵”按干料的千分之一拌料。

⑤菌种分离或母种扩大培养时，可在已灭菌的试管培养基上加入少量的链霉素或其他抗生素如氯霉素眼药水 3～5 滴等，并晃动试管，使药液均匀的黏附在培养基的表面，防止细菌生长，保证菌种内没有细菌。但在向试管中滴入链霉素时，应在无菌操作条件下进行，以防止治住了细菌的污染而带来了其他真菌的再感染。抗生素的浓度以每毫升含 100～200 单位为宜。

⑥菇床发现污染，立即予以清除，并用 1∶20 倍的“金星消毒液”对菇床进行地毯式的喷洒处理，或 1∶150 倍的“施耳

康”水溶液效果也很好，或1∶1 000倍的50%恶霉灵，但喷药前后必须通风和降低湿度。

2. 真菌性病害

主要是霉菌类（详见发菌期真菌性病害部分）。

（二）发菌期

1. 细菌性病害污染现象

主要与菌种期细菌性病害类似。

2. 料内真菌性病害

（1）曲霉类

污染现象：常在棉花塞和瓶颈交接处或培养基面上出现曲霉的污染斑，用放大镜可看到一丛丛黄色、土黄色、褐色、烟色、黑色成丛簇的色斑。

污染原因：菌袋外不干净，为杂菌滋生提供场所，使用劣质、短绒棉花做棉塞，灭菌过程棉花塞受潮，加上棉花塞制作过于松散，有利于曲霉孢子顺着棉塞和瓶壁之间侵入；棉塞经过高压灭菌后部分脱脂，在空气相对湿度高，棉塞吸潮，在菌种扩接时，如果瓶口没有经过认真检查及火焰消毒，棉塞一打开，曲霉分生孢子就会随接种操作过程产生的气流带入待接的培养基内，造成污染。

（2）青霉类

污染现象：青霉同样是一种常见的污染菌。在28～32℃高温、高湿条件下，青霉分生孢子在1～2 d就萌发成菌丝。菌丝体初期白色，繁殖迅速，很快出现蓝绿色粉状分生孢子，星点状散布在培养基的表面，或形成菌斑。

污染原因：同曲霉。

(3)木霉类

污染现象：菌落生长迅速，棉絮状或致密丛束状。菌落表面颜色有不同程度的绿色，有浅绿、黄绿、绿色或深蓝绿色。见图 6-1(彩图 6-1)。

图 6-1　木霉污染

污染原因：同曲霉。此外，培养料预湿不足，灭菌时间不够，培养料颗粒内所附带的杂菌未被全部杀死，接种后数天，瓶壁或袋壁出现细小水珠，几天后突然暴发形成绿色木霉分生孢子。

(4)酵母菌

污染现象：一级种斜面试管出现黏稠状圆形菌落。在麦粒二级种或三级种培养基中也常会出现。常见种有酵母菌，红酵母菌，橙色红酵母菌等。

污染原因:灭菌不彻底。

(5)链孢霉

污染现象:初期从棉塞上长出须状的白色菌丝,垂下直到培养基面上。菌丝很快变成橘黄色,绒毛状,随后透过棉塞出现馒头形,长出分生孢子梗及成串分生孢子,橘黄色或橘红色,这种链孢霉能杀死食用菌菌丝,引起菌瓶发热,发酵生醇,因此很容易从菌种室内嗅到酒味。见图 6-2。

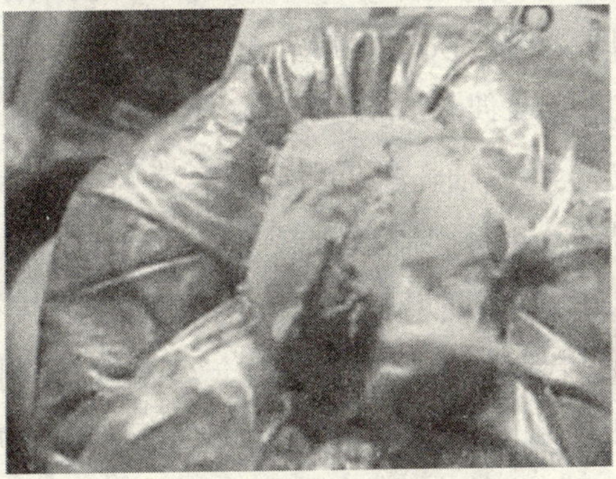

图 6-2　链孢霉污染

污染原因:通常在常压灭菌后潮湿的棉花塞上生长,特别是 5、6 月份雨季更易出现。菌种接种时,宁可将湿棉塞弃之,换上预先灭菌过的干棉花塞,也不可存有侥幸心理。

(6)毛霉和根霉属

污染现象:先从棉塞上形成银白色菌丝(像胡须状)潜入培养基,气生菌丝十分旺盛,生长十分迅速,数日会出现大量黑色孢子囊。

污染原因：接种室接种箱内黑根霉孢子密度增加，消毒不彻底所致。

3. 真菌性病害综合防治

(1)预防为主。严格选用木屑，配方合理，含水量适中，填料严实，封口严密；选用优质塑料袋，料筒在搬运时要防止毛刺刺破；灭菌时排列合理，以保证受热均匀；排足冷气；冷却室要求洁净；接种过程无菌操作规范化；采用塑料袋为容器的可在接种后立即置于石灰浆中旋转几下，取出后置于培养架上，利用石灰粉浆堵塞偶尔出现的针眼，以减少污染通道。

(2)药物防治为辅。托布津、苯来特及多菌灵对除毛霉外的其余 4 个属的杂菌抑制效果较好。由于这 3 种药物的分解点均在 178℃以上，即使高压灭菌也不会分解失效。多菌灵、托布津在平菇栽培中已普遍应用。高温季节制香菇栽培筒时，添加 0.1%多菌灵可大幅度降低污染率。也可用石灰粉扑打在接种孔穴上，造成偏碱性环境，以防喜酸性杂菌孢子萌发、定植、蔓延。

(3)及时检查，发现有污染立即处理。尤其是红色链孢霉，一经发现必须及时用湿布包起移出培养室烧毁或深埋，谨防孢子散发。污染初期可立即回炉灭菌后拌上新料重做。少量、局部的污染可在污染处用针筒注入 75%酒精或 1%福尔马林液，以抑制杂菌的蔓延，针孔处贴上胶带。

(4)综合防治。栽培袋制作期必须尽可能地与各种杂菌的最佳生态条件错开，以减轻污染。

(三)出菇期

1. 子实体细菌性病害

菌盖上的病斑呈圆形、椭圆形或不规则形。病斑外圈颜色较深,呈深褐色。潮湿时,中央灰白色,有乳白色黏液。菌杆、菌盖全部变黑褐色,质软,有黏液,最后整朵菇腐烂。

防治方法:出菇期间,温度控制在30℃以下、湿度控制在85%左右。避免高温、高湿的影响。要及早治虫切断传播途径。发病初期,用漂白粉或漂白粉精兑水喷雾,可抑制病原细菌的扩展。

2. 子实体真菌性病害

(1)青霉病　青霉病也叫蓝绿霉。是食用菌制种过程中常见的污染杂菌,主要危害各种食用菌的菌丝体。林下栽培时,一定条件下,除危害平菇子实体外,还危害香菇、草菇、金针菇、双孢菇、木耳等。

症状与危害:青霉常污染菌种和菌袋。侵染幼菇发病一般顶部呈黄褐色枯萎,生长停止,表面很快长出绿色粉状霉层,其邻近的正常生长的健菇可被传染。菌柄基部呈黄褐色腐烂,很快长了绿色粉状霉层。

病原:青霉(*Penicillium* spp.),属半知菌亚门丝孢纲丝孢目青霉属。常见的危害种有黄青霉、圆弧青霉等。不同种的菌落呈现不同颜色,有绿色、黄绿色、淡灰黄色、灰绿色、蓝绿色、紫红色等。营养体菌丝无色、淡色或具鲜明颜色。分生孢子梗有横隔，经过多次分枝，产生几轮对称或不对称的瓶状小梗，形如扫帚。

病害循环与发病条件：青霉菌适宜生长温度为 20～30℃，空气相对湿度在 90％以上。以分生孢子通过空气、土壤、肥料、植物残体传播。香菇一般不易受青霉菌侵染，但当培养料 pH 小于 4 时或含水量不足、培养料碳水化合物过多、幼菇生长瘦弱的条件下，易受青霉菌感染。

防治方法：①搞好环境卫生，及时清除林间落叶、食用菌及菌棒残体，带出林外深埋；发现病菇及瘦弱菇及时清除处理，防止病害扩散。②选用新鲜、干净并经暴晒的培养料。③袋料栽培品种，收第一潮菇后及时清理菌棒料面，剔除菇根和弱菇，然后喷洒 10％石灰水 1 次，降低培养料酸度。覆土栽培品种在发生青霉的地方，及早挖除病菌并撒施石灰粉或喷施 50％多菌灵可湿性粉剂 500 倍液，防止霉菌蔓延。④菇床发生青霉菌后，可喷洒 25％多菌灵可湿性粉剂 500～800 倍液或 70％甲基硫菌灵可湿性粉剂 800 倍液。

(2)绿霉病　绿霉又名木霉。是食用菌生产中危害最大的竞争性杂菌，尤其是困扰香菇菌棒生产的杂菌病害。绿霉的寄主范围很广，几乎危害所有的食用菌；分布范围很大，是世界性的食用菌危害菌；危害期长，食用菌的整个生产过程都会受到侵害；危害程度大，严重时可使整批食用菌绝收。

症状与危害：初期菌丝为白色、细而密，逐渐变为浅绿色。菌落中央为深绿色，边缘呈白色。后期变为深绿色，严重时使整个菌袋全部变为墨绿色。

病原：绿霉菌(*Trichoderma* spp.)，属半知菌亚门丝孢纲木霉属。对食用菌造成危害的主要有绿色木霉(*T. viride*)、康氏木霉(*T. koningii*)、多孢木霉(*T. polysporum*)等。木霉最适生长温度为 30℃，空气相对湿度在 95%左右，pH 为 3～7。孢子萌发的最适温度为 25～30℃。

防治方法参考青霉病。

二、虫害及防治

1. 眼菌蚊

形态：别名菇蚊、菇蛆，卵为圆形或椭圆形，光滑，白色，半透明，大小为 0.25 mm×0.15 mm。幼虫为白色或半透明，有极明显的黑色头壳，长 6～7 mm。成虫长为 2.0～2.5 mm。成虫初为白色，后渐成黑褐色。雌虫体长约 2.0 mm，雄虫长约 3.0 mm，每对成虫产卵 100～200 粒。具有趋光性(图 6-3、图 6-4)。

防治：菇房门窗用纱网封牢，防止成虫飞入产卵繁殖造成危害，如果菇房内已有眼菌蚊危害。可用 2.5%溴氰菊酯乳剂稀释 3 000 倍喷雾(50 kg 稀释液可喷 400 m^2 面积，可兼治螨和跳虫)，但子实体采收前 1 周内禁用。

2. 果蝇类

果蝇属昆虫纲双翅目长角亚目、短角亚目果蝇科果蝇属。

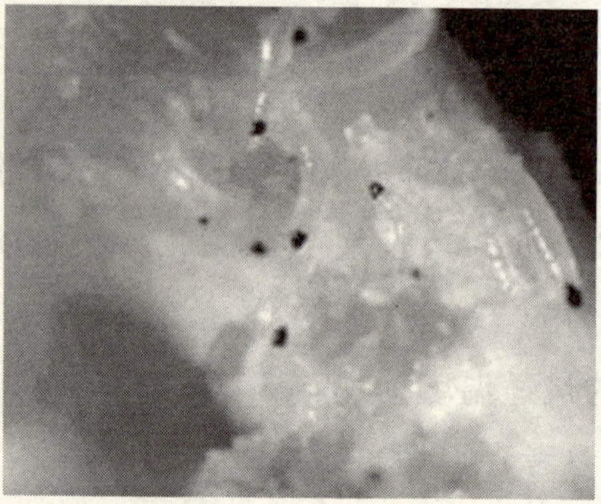

图 6-3　菇蚊幼虫

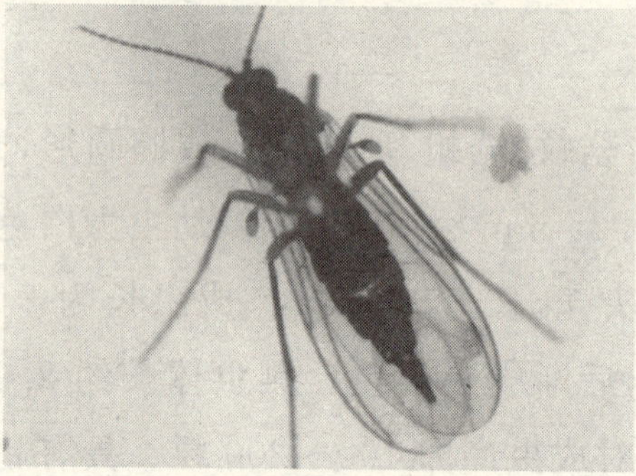

图 6-4　菇蚊成虫

形态:卵长椭圆形,白色至淡黄色,幼虫为蛆形,无足,初期幼虫白色,透明,无明显头部,老熟幼虫体黄色,长 7～10 mm,尾部有两个肉质突起。蛹为长椭圆形,深褐色,长 3～4 mm。成虫淡黄色,触角 3 节,触角芒状,复眼红色,体长 3～4 mm,展翅 7～9 mm。成虫具有趋光性,对糖醋也有趋性,营腐生,食性杂。总世代为 12～16 d(图 6-5、图 6-6)。

图 6-5　菇蝇成虫

图 6-6　菇蝇幼虫

危害:果蝇危害所有的食用菌。幼虫取食子实体,钻蛀子实体形成蛀食隧道,受害后变红褐色。

防治:同眼菌蚊。果蝇成虫对糖醋有趋性,可用酒∶糖∶醋∶水＝1∶2∶3∶4 配成,加几滴敌敌畏,置于灯下诱杀成虫,连续数日可大大降低虫口数。

3. 螨类

螨类别名菌虱、红蜘蛛，属蛛形纲蜱螨目。常见的害螨多属于真螨目和蜱螨目。

形态：体形微小(一般仅 0.2～0.6 mm)，常为圆形或卵圆形，一般为四个体段构成，即颚体段、前肢体段、后肢体段、末体段。口器分为刺吸式和咀嚼式两类，前肢体段着生前面 2 对足，后肢体段着生后面 2 对足，全称肢体段，共 4 对足，足由 6 节组成(图 6-7)。

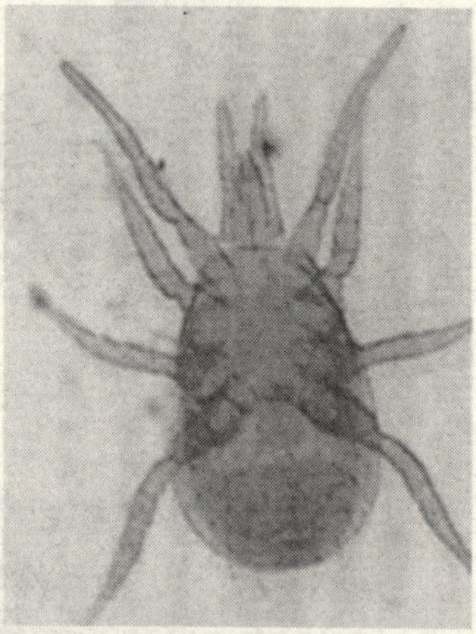

图 6-7　螨虫

危害：螨类主要以若螨或成螨危害菌丝，将菌丝咬断而食，也会将子实体蛀食成空洞，菇体色泽转为褐色或失去光泽，有的被害组织部位出现褐色病斑。危害菌种时稍不注意，会造成毁灭性灾害。

防治：以防为主。首先搞好环境卫生，杜绝螨类栖息和繁殖。菌种场或栽培场周围严禁饲养家禽。麸皮、米糠等原辅材料存放场所尽可能通风干燥，并且远离菌种场。

4. 线虫

食用菌的线虫有多种，其中滑刃线虫以刺吸菌丝体造成菌丝衰败，垫刃线虫在培养料中较少，但在覆土层中较普遍。

形态：目前报道的食用菌线虫，有寄生线虫和腐生线虫两大类。主要是滑刃线虫、双垫刃线虫和小杆线虫。线虫极细小，只能在显微镜下才能观察到。

危害：所有食用菌均能被危害，受侵害的症状是子实体腐烂，发出特殊的腥臭味。现蕾期受害，菇盖中央先变黄，渐及整个菇蕾。幼蕾期受害，菇体畸形，柄长，盖小，整个菇体呈软腐。子实体受害时，从菌柄到菌盖颜色由浅变深，软腐呈水渍状，黄褐色，最后枯萎。

防治：线虫无处不有，在干燥基质上呈“休眠”状态，耐旱力长达 3 年。不清洁的水是线虫的主要来源。但线虫不耐热，40℃以上即死亡。进行正确的前、后发酵能有效地减少线虫的虫口数，并使躲藏在培养料缝隙间的幼虫致死。在栗蘑菌棒入地时，先将栽培畦进行石灰消毒，覆土也提前用甲醛水溶液进行消毒处理。发病初期可用克螨特 73％乳油 3 000 倍液结合喷水喷洒栽培畦以浇透为度，防治效果较好。

三、生理性病害及防治

1. 原基不分化

如在室内袋栽出菇，当环境条件调控不当时，有 50％～70％的原基不能分化成子实体，只有少量的原基形成子实体，而且朵形小，质量差，产量低。仿野生栽培可改善此状况，但仍有部分原基分化后干枯或腐烂。症状及原因如下：

症状:原基表面没有分泌的水珠,表面干燥变黄或腐烂。

病因:为温、湿、气、光四大要素失调所致,如菌袋失水过多,空气湿度不足。没有调整好通风与提高湿度的关系,顾此失彼。掌握湿度大小的时机不对。光照强度不适,原基受灼烤干枯死亡。

防治:查清病因后,要有针对性地调整好温、湿、气、光四大要素的相互关系,使之相对平衡。

2. 畸形菇

(1)“小老菇”

症状:原基分化后菇体即老化,生长缓慢,叶片小而少且内卷,边钝圆,内外均有白色的多孔层及菌孔,菇体小,浅白色,呈现严重的老化现象,6～8 月份高温季节较多见。

病因:“小老菇”由菌袋内的原基直接分化而来,营养供应不足。通风不良菇体缺氧。

防治:加强通风降低温度,适当增厚覆土以保证水分的供应。

(2)“鹿角菇”和“拳形菇”

症状:菇体形似鹿角,有枝无叶或小叶如指甲,或紧握如拳。颜色浅白,无栗蘑香味。这类畸形菇极易老化,商品价值低。

病因:光照不足。通风不良,氧气供应不足。

防治:根据出菇场地和菇体形状适当增强光照。在炎热天气,早晚要延长通风时间。

(3)原基和成菇腐烂

症状:原基或菇体部分变黄、变软,进而腐烂如泥,并有特殊臭味,多发生在高温高湿的多雨季节。

病因:湿度过大,通风不良,感染病虫害或机械损伤所致,多发于旧的出菇场地。

防治:增大通风,降低湿度,防治病虫害。

第七章 栗蘑的产后加工技术

一、栗蘑的采收

当栗蘑的菌盖外缘没有了白色生长端,边缘变薄菌盖比较平展,颜色变浅灰黑色,并散发出较浓郁的诱人的菇香时,就可以采收了。如果菌盖已开始向下弯曲。开始弹射孢子,就是过熟了,过熟的孢体在品质、重量上都会有所下降。

采收前一天,应停止喷水。在采收时,动作要平稳,可以用手握住子实体的基部,用手掌托住菇体,轻轻旋动后向上拔出。因为栗蘑子实体比较脆嫩,如不小心,就会弄坏子实体的形状。如果是覆土栽培,在采收后要及时削去沾有泥土的菌柄。如果是开袋栽培,也要用小刀剖去长的菌柄。

二、栗蘑的低温保鲜

收获的栗蘑的子实体,根据客户的要求,一般顺着扇形菌盖的扇柄切成单片状,装入打洞的保鲜袋内,封口后放进专用的纸箱或塑料框中,运入保鲜库房。根据福建省三明真菌研究所 1994 年试验,新鲜的栗蘑子实体,在 2～4℃的条件下贮存保鲜，保存 20 d 不会变色变味(普通冷库)，如果利用较先进的气调冷库保存，保鲜效果更好，时间也会更长。

三、栗蘑的贮运

鲜栗蘑应贮放在密闭的箱内或筐内，每朵栗蘑单层排放，尽量不要堆得过高，造成挤压。需要密集排放时，应使菇盖面朝下，菇根面朝上。栗蘑贮藏温度以 4～10℃为宜，温度过高，鲜菇继续生长因而老化。栗蘑鲜品运输要力争平稳，将每箱(筐)单层或双层排放，避免挤压、碰撞和颠簸。

四、栗蘑的加工

栗蘑在市场的销售主要以鲜菇为主，此外也有少量脱水干品和加工制成罐头。

(一)盐渍加工

栗蘑的盐渍加工与其他食用菌的盐渍加工方法一样。由于栗蘑的子实体朵形较大，因而在煮之前，要用小刀将子实体分成单片的扇形菌盖，用不锈钢锅烫煮至熟透，煮透后冷却，捞起后放在流动的清水中漂洗 5～6 h，捞起沥去水分，装入缸中，加入饱和食盐水，用盐或饱和盐水盐渍。菇和盐水的比例为 1∶1；装缸时要注意，务必加盖帘压上石块，使盐水全部淹没材料；12 h 后，测缸中盐水的比重(用波美比重计测定)，若盐水的比重下降至 15 波美度时，开始倒缸，即将缸中的栗蘑移到另一个盛有饱和盐水的缸中(23 波美度)继续观测,直到缸中盐水浓度保持在 20 波美度,直到腌透为止(盐水浓度不再下降)。

腌好后可以转入塑料桶中。在桶中要加足饱和盐水,并加入封口盐,盖上内外盖。然后放入温度较低的仓库中贮存。栗蘑制罐加工,均由罐头厂收购加工,一般多加工成清水罐头,其加工工艺均由罐头厂掌握,这里不作介绍。

(二)干制加工

栗蘑的干制可以用晒干或烘干的方法来进行。在烘干时可采用脱水机或电热鼓风干燥机进行,要注意温度由低向高逐渐进行,切忌将新鲜的子实体一开始就置入高温度烘烤箱(或房)中,这样很容易把材料烤熟,发黑。起始温度一般为40℃,每隔 4 h 将温度升高 5℃左右,最后用 60℃的温度把子实体烘干。整个烘烤过程一般需 20~22 h(图 7-1)。

为了较快地烘干,可以将子实体分成单片后进行。栗蘑子实体的含水量相对较低,采用烘干方式较好。烘干后的栗蘑香味较浓,要比晒干的好。

栗蘑属多孔菌,子实体的含水量 87%~90%,较一般伞菌低,根据实测,栗蘑子实体的折干率达 13%~14%。烘烤时浓香四溢,风味独特,远非其他菇类所能及。栗蘑的干品较容易吸潮,由于其香味浓郁又营养丰富,比较容易受虫蛀或发霉。所以,干品最好用双层塑料袋密封保存,并放在干燥的地方,有条件的可以放在冷库中贮藏。

图 7-1　栗蘑烘干设备及产品

五、栗蘑产品标准

(一)鲜栗蘑标准

鲜栗蘑肉质脆嫩,味美可口,食用方便,很受消费者青睐。但鲜菇产期温度较高,耐贮性差,25℃自然存放只能保鲜 2 d,此后很快失去商品价值,因此延长栗蘑的保鲜期十分重要。

我国农业部制定的鲜栗蘑行业标准见表 7-1。

以菌管长度和菇体色泽为评判鲜栗蘑等级的主要依据,符合此 2 项指标的栗蘑占 90%以上重量时为合格,其中任何一项达不到一级指标降为二级，达不到二级指标降为三级，达不到三级指标为不合格产品。形状、气味、杂质及不允许混入物4项指标任何一项不达标，即为不合格产品。

表7-1　鲜栗蘑的感官和理化指标

项目	一级	二级	三级
菌管长度	≤0.5 mm	≤1.0 mm	≤1.5 mm
色泽	菌盖深灰色至灰黑色，菌管白色	菌盖灰白色，菌管白色	菌盖白色，菌管白色
形状	菇形完整，均匀一致，菌管规则，管口未散开	菇形完整，较均匀，菌管规则，管口未散开	菇形完整，不均匀，菌管较规则，允许少量管口散开
残缺菇	重量≤3%	重量≤3%	重量≤5%
气味	有栗蘑特有香味，无异味	有栗蘑特有香味，无异味	有栗蘑特有香味，无异味
不允许混入物	虫孔菇、霉变菇、畸形菇、褐变菇	虫孔菇、霉变菇、畸形菇、褐变菇	虫孔菇、霉变菇、畸形菇、褐变菇
杂质	无	无	无
水分(鲜样计)	≤92%	≤92%	≤92%
灰分(干样计)	≤8%	≤8%	≤8%
膳食纤维(干样计)	≤36%	≤36%	≤36%

注：栗蘑白色变种不应参照此表中的色泽标准。

(二)干栗蘑标准

以菌管长度、菇体色泽和形状为评判干栗蘑等级的主要依据，符合此3项指标的栗蘑占90%以上重量时为合格，其中任何一项达不到一级指标降为二级，达不到二级指标降为三级，达不到三级指标为不合格产品。气味、杂质、不允许混入物、水分 4 项指标任何一项不达标，即为不合格产品。

我国农业部制定的干栗蘑行业标准见表 7-2。

表 7-2　干栗蘑的感官和理化指标

项目	一级	二级	三级
菌管长度	≤0.5 mm	≤0.75 mm	≤1.0 mm
色泽	菌盖深灰色至灰黑色，菌管、菌肉白色	菌盖灰白色，菌管、菌肉白色	菌盖乳白色，菌管、菌肉淡黄色
形状	菇形完整，均匀一致，菌管规则，管口未散开	菇形完整，较均匀，菌管规则，管口未散开	菇形完整，不均匀，菌管较规则，有少量管口散开
残缺菇	重量≤3%	重量≤3%	重量≤5%
气味	有栗蘑特有香味，无异味	有栗蘑特有香味，无异味	有栗蘑特有香味，无异味
不允许混入物	虫孔菇、霉变菇、畸形菇、褐变菇	虫孔菇、霉变菇、畸形菇、褐变菇	虫孔菇、霉变菇、畸形菇、褐变菇
杂质	无	无	无
水分(鲜样计)	≤13%	≤13%	≤13%
灰分(干样计)	≤8%	≤8%	≤8%
膳食纤维(干样计)	≤36%	≤36%	≤36%

注：栗蘑白色变种不应参照此表中的色泽标准。

(三)盐渍栗蘑标准

菇体组织和色泽符合指标的栗蘑占 90%以上重量时为合格。气味、杂质、不允许混入物、盐水浓度 4 项指标任何一项不达标，即为不合格产品。

农业部制定的盐渍栗蘑行业标准见表 7-3。

表 7-3　盐渍栗蘑的感官和理化指标

项目	统货
组织形态	菇块整齐、饱满，有弹性，无大破损，允许有小损（缺刻深度不超过 1 cm），菌盖破损率小于 5%，无老化菇，无黄根
破损率	≤5%
色泽	呈灰白色，菇面光洁
气味	有盐渍栗蘑特有香味，无异味
不允许混入物	虫孔菇、霉变菇、畸形菇、褐变菇
杂质	无
盐水浓度	22 波美度以上

第八章　栗蘑增产新技术

一、微喷技术在栗蘑生产中的应用

长期以来，栗蘑栽培的水分管理都是靠手工浇灌，不仅费工费时，劳动强度大，而且水资源的利用率很低，大多数水都流到地面渗入地下，对提高环境湿度作用不大，特别是高温炎热的夏季，水分蒸发很快，刚刚浇过的水，一会儿就干了，保湿问题成了栗蘑管理上最难解决的问题。然而，没有足够的空气相对湿度，菇体就很难发生和正常生长。传统的、粗放的手工浇水方法，与现代农业的要求极不适应。微喷雾灌溉系统已成功用于黑木耳的栽培中，为探索食药用菌水分管理的科学化、现代化，开辟了一条切实可行的新途径。为了提高管理水平，将微喷灌技术应用于栗蘑的水分管理之中，通过操作实践，也取得了明显的效果。

栗蘑规模化生产，若采用微喷技术，工作效率可提高10～12倍。微喷技术不仅可以用于栗蘑的仿野生栽培还可以用于大棚、温室大棚栽培、工厂化生产等。对于栗蘑工厂化生产还可采用加湿器，效果更佳。现以普通大棚和小拱棚（仿野生栽培）为例，将微喷的应用技术介绍如下：

(一)设备与材料

潜水泵:上海安源电机厂生产的 QY25-26-3 型,功率 3 kW,扬程 26 m,流量 25 m^3/h,出水口径 50 mm。用做抽取水源,送入管道。

主管:直径 25 mm 镀锌管,由潜水泵到各大棚与支管连接。

支管:直径 20 mm 黑色塑料管,用于主管与毛管的连接。

毛管:直径 15 mm 黑色塑料管,用于安装喷头。

喷头:360°全雾化喷头,工作压力 200 kPa,流量 120 L/h,喷洒半径 1.5 m,出水孔径 1 mm 左右。

其他配件:镀锌管配件;阀门、滤网等。

(二)普通大棚微喷系统

通用大棚微喷系统适用于栗蘑床架式无覆土栽培。大棚温度是栗蘑生长发育的主要环境因素。不同季节调节大棚温度的措施,除采取相应的升降温设施外,通过喷水可以起到一定的温度调节作用。冬天,水温比气温高,通过喷头,可将大棚温度提高 1～2℃;而夏天,水温比气温低,喷水可降低温度,由于水分蒸发还可带走部分热量,所以,夏天使用微喷灌喷水,可增加空气中悬浮的水分子,增湿和降温效果比较明显,一般每天喷水 3～5 次,棚温可比气温降低 2～4℃。见图 8-1。

大棚长 28～30 m,宽 6 m,净面积 166.5 m^2,4 个大棚配

图 8-1　大棚挂式微喷

置一台潜水泵，一座蓄水池，即一台潜水泵喷灌面积为 666 m^2（1 亩）。蓄水池在第二个大棚中间，容量为 3 m^3。潜水泵将蓄水池之水抽入主管，送到支管，过滤后压到毛管，通过喷头喷出。

毛管吊在棚架上，离地 1.8～2.2 m，每棚两排，间距 3.5 m 左右。每棚毛管为 4 段，每段一头用塑料封头封死，另一头用塑料异径缩接与支管相连，毛管壁下方每隔 1.5 m 用专用工具打孔，装上喷头，喷头全朝下。支管用塑料三通连接后合成一条向下的支管，安装滤网与阀门后与主管连接，各棚支管与主管连接后全部相通，主管再与潜水泵接通，接上电源进行调试，检查各连接处是否密封。无漏水现象，喷头有雾状水喷出即可使用。

（三）小拱棚微喷系统

小拱棚微喷系统适用于栗蘑覆土栽培。

1. 排菌护壁

做拱棚时，修好畦四周的排水沟，在畦四周筑成土埂，然后用薄膜将畦壁护好，将薄膜上缘用土压住，防止畦壁坍塌而使栗蘑菇体沾上泥沙。然后在畦面摆放一层栗子大小的石子，间距 3～5 cm，避免栗蘑因其菇柄短而沾上泥土。

2. 铺管设喷头

排菌 15 d 后即要铺设微喷管。选用 4 分塑料喷灌管，沿管呈直线打喷头孔，孔间距一般为 90～100 cm，打孔器一般用电铬铁或专用打孔器，然后趁热将喷头塞入孔内，喷头用弯向单面型。见图 8-2。也有用细支管连接可以移动插立式的微喷头的。见图 8-3。喷头安装好后将塑料管固定到栗蘑畦槽的北侧支棍上，喷头孔向畦内，若漏水可用胶水封严。一般每 15～20 畦为一组，用 1 寸水泵(25 m 扬程)带动，每组间用阀门控制，喷水时分组执行，只打开本组阀门即可向 1 组沟畦面喷水，要求喷出雾状水。

3. 喷水操作

栗蘑出菇需水时启动水泵，打开一组阀门喷水，春季和干热季节每天喷水 2～3 次，一般在上午 9～10 时，中午 12 时至下午 1 时，下午 5～6 时喷水，每次喷水 3～10 min，干热时适当多喷，以地面润湿为宜，注意喷出的水必是雾状，水压不足时要功率较大的水泵或减少每组畦数。夏季喷水 4～5 次。雨天停喷或少喷。每次喷水必须将盖畦塑料膜掀起通风，不

图 8-2　喷头直接安在支管上的地铺式微喷

图 8-3　地插式微喷

能喷闷水，否则栗蘑难以分化和生长。

二、保水剂在栗蘑栽培中的增产效果

保水剂是一种高分子聚合物，外观为淡黄色或白色晶体，粒度 20～100 目。它有极强的吸水能力，能在十几分钟内吸附超过自身重量 100 多倍的水分，形成饱和吸附水球，使水分很难流动或蒸发，但栗蘑等食用菌菌丝或农作物根系能将其中水分吸出。目前保水剂在花菇生产中取得了良好的应用效果。

栗蘑非覆土栽培的后期，因补水困难而影响产量。在拌料时如果加水太多，则基料透气性差而影响发菌。如拌料时添加适宜比例的保水剂，可多加一倍水并被保水剂吸附而不能流动；亦可将吸足水分的保水剂添加到已拌好的湿料中，这样就有足够的水储存在料中，到栗蘑出菇后期缺水时，菌丝就可以从保水剂中吸水。此外，保水剂耐高温，所形成的吸附水球，在高温灭菌条件下并不失去水分。保水剂无毒、无害，不影响菌丝生长。有关试验与结果如下：

（一）原料配方

棉籽壳 88%，米糠 5%，麸皮 5%，碳酸钙 1%，蔗糖 1%，加水 140%。按此配方，共用干料 4 500 kg，拌成湿料10 800 kg，闷料 4 h 后均分为 8 份，每份折干料 500 kg。

（二）试验设计

将保水剂浸入清水中 1 h，使其充分吸水膨胀，吸水倍数为 140 kg/1 kg。按表 8-1 所设计的 8 种添加量拌入 8 份湿料中。采用聚丙烯塑料袋，规格为 20 cm×50 cm×0.008 cm，每袋装湿料从 2.4～4.0 kg 不等，但均折干料 1 kg，每个处理装 500 袋。

表 8-1　吸附水增量及每袋湿重　kg

处理项目	1	2	3	4	5	6	7	8	对照
干原料	500	500	500	500	500	500	500	500	500
拌料水	700	700	700	700	700	700	700	700	700
吸附水	100	200	300	400	500	600	700	800	0
总湿重	1 300	1 400	1 500	1 600	1 700	1 800	1 900	2 000	1 200
每袋重	2.6	2.8	3.0	3.2	3.4	3.6	3.8	4.0	2.4

(三)生产操作

为避免保水剂变性失水，采用常压灭菌，95～100℃维持 8 h。因料袋的重量及长短差别较大，采用袋腹多点接种。发菌温度 23℃，30～35 d 满袋，割口后非覆土出菇。

(四)试验结果

(1)保水剂不影响发菌。通常栽培时，料水比例一般为 1∶1.4 左右，超过此用水量会造成发菌缓慢，甚至因缺氧而菌丝不吃料。保水剂使料与水的比例达 1∶3，但无缺氧的不利影响。

(2)吸附水增产效果显著。表 8-2 数据说明，吸附水用量增加，产菇量也随之增加。对照 500 kg 干料产鲜菇 213 kg，生物转化率为 43%；而加保水剂的 7 号配方产菇 506 kg，转化率达 103%；但 8 号配方与 7 号配方比较，产菇量再没有增加，可能是由于后期培养料中的养分耗尽所致。如果培养料加富，产菇率还有可能增加。培养料中水分充足的 7、8 号配方，可产 4 潮菇，且每潮菇的产量较平衡。而对照配方只产

2 潮菇，且第 2 潮菇的产量很低。很显然，栗蘑非覆土栽培比覆土栽培之所以产菇率低，主要原因是出菇后期料中缺水，使用保水剂可以解决这一难题。

表 8-2　保水剂的增产效果与增值效益　　kg，元

处理项目	1	2	3	4	5	6	7	8	对照
转化率	50%	58%	70%	75%	85%	90%	103%	103%	43
增产量	39	75	137	163	214	238	303	301	0
增产率	18.3%	35.2%	64.3%	76.5%	100%	112%	142%	142%	0
保水剂	0.71	1.43	2.14	2.86	3.57	4.29	5.00	5.71	0
多投入	15.6	31.5	47.1	62.9	78.5	94.4	110	126	0
多产出	156	300	548	652	856	952	1 212	1 204	0

(3)保水剂的增值效益较高。表 8-2 数据也说明，使用保水剂的增值效益较高。保水剂市售价为 22 元/kg，鲜栗蘑的市售价按 4 元/kg。7 号配方在 500 kg 料中添加保水剂 5 kg，多投入 110 元，但多产菇 303 kg，产值多 1 212 元，投入产出比高达 1∶11，平均每千克干料(1 袋)增值 2.42 元。

三、补营养液对栗蘑的增产效应

研究表明，对于非覆土袋栽食药用菌，如平菇、杏鲍菇等，采用浸水或营养液处理，可显著提高产量。有关营养液成分及其在栗蘑栽培应用效应的试验结果如下：

(一)材料

已出过二潮栗蘑(转化率 50%)的菌袋，配方为木屑

78%,麸皮 20%,糖、石膏粉各 1%。每个菌袋原装干料重 800 g。将脱去袋的菌床两端打 3～5 个深 10 cm 的洞孔,浸于各处理液中,8 h 后捞起放回床架。观察现蕾期、发育期、朵数、菇重等指标。

(二)方法

设 4 个处理:①不浸(对照);②浸清水;③浸甲营养液(0.1%糖+0.2%尿素+0.2%柠檬酸);④浸乙营养液(0.1%糖+0.2%尿素+0.2%硫酸镁+0.2%过磷酸钙)。各处理重复 3 次,参试菌床 200 个。

(三)结果

(1)不同营养液对出菇的影响　各处理菌床均于浸液后第 7 天现蕾,②、③、④处理现蕾率达 100%,①处理为 30%,至第 5 天才达 60%,即浸溶液菌床的现蕾率较对照组提高 1 倍,而浸清水和浸营养液间无明显差别。各处理均于浸液后第 12 天开始采菇,采菇期处理①8 d,处理②为 6 d,③、④处理均为 4 d,这说明袋栽栗蘑后期浸液处理后,出菇集中,潮次明显,从而缩短采菇时间,减少管理用工。

(2)浸液对栗蘑产量的影响　由表 8-3 可以看出,各处理的产菇量为④>③>②>①,即浸清水,浸营养液甲和乙分别较对照(不浸)增产 58%、62%、87%。加上浸营养液之前的生物转化率(50%),各处理的总转化率分别达到 67%、77%、78%及 82%。其中营养液乙增产效果最明显,说明出菇后期补充 P、Ca 元素可促进出菇量。

表 8-3 各处理鲜菇产量 g/每床

处理	重复一	重复二	重复三	平均	增产量	增产率/%	总产率/%
①	95	190	120	135	0	0	67
②	206	220	215	213	78	58	77
③	215	225	220	220	85	62	78
④	250	264	245	253	118	87	82

附　　录

附录一　常用原料的碳氮含量与 C/N

类别	原材料名	含碳量 C/%	含氮量 N/%	C/N
木屑及秸秆	栗树木屑	50.4	1.10	45.8
	杨树木屑	50.1	1.00	48.8
	稻草	42.3	0.72	58.7
	麦秸	46.5	0.48	96.9
	玉米秸	46.7	0.48	97.3
	玉米芯	42.3	0.48	88.1
	黄豆秸	49.8	2.44	20.4
	野草	46.7	1.55	30.1
加工下脚料	甘蔗渣	53.1	0.63	84.2
	棉籽壳	56.0	2.03	27.6
	麦麸	44.7	2.20	20.3
	米糠	41.2	2.08	19.8
	啤酒糟	47.7	6.00	8.00
	豆饼	45.4	6.71	6.76
	花生饼	49.0	6.32	7.76

摘自中国食用菌网。

附录二　栗蘑食用方法

一、凉菜

(一)葱油栗蘑

原料:栗蘑干 20 g,笋 15 g,葱白 2 g,精盐、味精、胡椒粉、花椒适量。

做法:

1. 栗蘑丝用温水泡至鲜嫩,用开水氽一下,沥干水分放凉待用。

2. 葱白、笋切丝与栗蘑丝混合,加精盐、味精、胡椒粉、热花椒油,拌匀装盘即可食用。

特点:色泽淡雅,咸香麻辣,鲑鱼香浓。

(二)清拌栗蘑

原料:栗蘑干 20 g,腐竹、香菜各 20 g,精盐、味精适量,香油少许。

做法:

1. 栗蘑丝用温水泡至鲜嫩,用开水氽一下,沥干水分放凉待用。

2. 香菜去叶,梗切段,腐竹切丝与栗蘑丝混合,加精盐、味精、香油拌匀即成。

特点:鲜竹浓郁,清脆爽口,为夏季佳品。

二、热炒菜

(一)鸡丝栗蘑

原料:栗蘑干 40 g,鸡脯肉 40 g,精盐 10 g,味精、香油、湿淀粉、葱、姜。

做法:

1. 栗蘑泡 3～5 min,沥干水分待用。

2. 将鸡脯肉切细丝,用温油滑开待用;葱、姜切末待用。

3. 炒锅上火加油,用葱、姜末炝锅,投入鸡丝,加入栗蘑清炒,加精盐、味精,炒熟,勾芡,点香油,出锅装盘即成。

特点:色泽灰白、味鲜、咸香、滑嫩爽口。

(二)七彩栗蘑

原料:栗蘑干 50 g,番茄 1 个,青柿子椒 1 个,黑木耳 10 g,青笋丝、绿豆芽、胡萝卜、湿淀粉、精盐、料酒、香油、葱、姜、蒜、味精、辣椒面适量。

做法:

1. 栗蘑丝用温开水泡发待用。

2. 番茄、青柿子椒、黑木耳、青笋、胡萝卜切细丝,用水汆一下待用。

3. 炒锅上火加底油,用葱、姜、蒜炝锅,烹料酒,投入 7 种原料丝翻炒,加盐、味精、辣椒面,炒熟,勾芡,点香油出锅即成。

特点:色泽鲜艳、脆嫩爽口、咸香稍辣、酒饭皆宜。

(三)软炸栗蘑

原料:栗蘑 30 g,鸡蛋 3 个,面粉、淀粉、精盐 5 g,香菜 3 根,味精、花椒油、胡椒粉适量。

做法:

1.栗蘑用温开水泡发好,用精盐、味精腌 3～5 min 待用。

2.鸡蛋清打成蛋泡,用面粉、干淀粉制成蛋泡糊。

3.炒锅上火,加油,烧至 5 成熟,然后将栗蘑粘匀蛋泡糊,逐个下锅炸至金黄色捞出,沥尽油装盘,洒上少许胡椒粉,淋热花椒油适量,带叶香菜加以点缀。

特点:色泽金黄、干香脆嫩、麻辣适口,田鸡肉味。

(四)栗蘑烧排骨

材料:栗蘑、排骨、生抽、料酒、冰糖、葱、姜、大料、鸡精。

做法:

1.将排骨用清水洗净,下锅焯至表面变色,捞出沥干水分备用,栗蘑用温水泡发,洗净表面泥沙备用。

2.焯好的排骨下油锅,加入 4～5 粒冰糖,用中火炒至冰糖融化。

3.倒入 1 勺料酒、3～4 勺生抽、葱姜段儿、大料,加入适量水没过排骨,用大火烧开。

4.烧开后,转成中火炖约 5 min,放入泡好的栗蘑,再倒入泡栗蘑的水,用中火炖制约 10 min,或者汤汁收浓即可,出锅前加入1勺鸡精提味。

(五)栗蘑炖土鸡

原料:本鸡、水发栗蘑、火腿片、生姜、葱。

调料:食用油、盐、味精、鸡精、黄酒、胡椒粉。

做法:

1.先将洗净的本鸡在开水锅中焯一下水,然后放入砂锅,加清水、黄酒、生姜块、葱结、火腿片,用旺火烧开,然后用小火炖2 h。

2.炖熟后加入鸡精、味精、盐和水发栗蘑,再炖15 min。

3.最后加入胡椒粉即可。

特点:清醇鲜香,滋补养身。

三、饭、汤类

(一)三丁炒饭

原料:米饭(稍硬,划散)1 000 g,鸡蛋4只,水发栗蘑75 g,熟火腿75 g,熟猪油100 g,料酒、酱油、味精、大蒜头、姜末适量。

做法:

1.鸡蛋打散,平锅放油将蛋煎成两面微黄,凉后切丁;水发栗蘑沥干切丁,熟火腿切丁;大蒜头平刀切后拍碎。

2.炒锅放熟猪油烧至六成热后,先放入大蒜泥、姜末;栗蘑丁炒几下,再投入熟火腿丁、鸡蛋丁炒几下,最后放大米饭翻炒，加入一些熟猪油、料酒、酱油、味精翻炒透，即可上席。

特点：香而不腻。

（二）八宝栗蘑

原料：发好栗蘑干 50 g，瘦猪肉 50 g，海米 10 g，胡萝卜 10 g，豆腐 250 g，黑木耳 10 g，鸡蛋 2 个，鱿鱼 10 g，精盐、味精、葱、姜、猪油、香油、酱油适量。

做法：

1. 将豆腐分成 4 块放入热油中炸至金黄色捞出，用水果刀切开一面，挖去里面的嫩豆腐待用。

2. 将栗蘑、猪肉、海米、胡萝卜、木耳、鱿鱼切末，鸡蛋炒熟切碎，加精盐、猪肉、味精、香油、蛋清糊将切开的豆腐口粘好，上屉蒸熟，装盘。酱油、盐、汤制成红汁浇在豆腐上。

特点：酥烂鲜香，软嫩适口。

（三）栗蘑三丝汤

原料：水发栗蘑 50 g，熟笋 40 g，紫菜 25 g，豆腐干 2 块，精肉 50 g，精盐 2.5 g，酱油 15 g。味精 2 g，花生油 20 g，麻油 15 g，姜末 1.5 g，鲜汤 1 000 g。

做法：

1. 栗蘑、熟笋、精肉、豆腐干切成细丝，紫菜拣净去杂掰碎待用。

2. 炒锅下油 20 g，烧至七成热，放入鲜汤 1 000 g，同时将栗蘑、笋、肉、豆腐干丝及碎紫菜全部下锅，并放进酱油、精盐、味精、姜末等调料烧到汤汁起滚，淋上麻油，起锅倒入汤盆中即成。

特点：鲜香可口。

附录三　DB11/T 1086—2014 无公害农产品灰树花（栗蘑）生产技术规程

1　范围

本标准规定了无公害农产品灰树花（栗蘑）生产技术规程的技术要求。

本标准适用于北京市无公害农产品灰树花（栗蘑）的林下仿野生覆土栽培。

2　规范性引用文件

下列文件对于本文件的应用是必不可少的。凡是注日期的引用文件，仅所注日期的版本适用于本文件。凡是不注日期的引用文件，其最新版本（包括所有的修改单）适用于本文件。

GB/T 4456 包装用聚乙烯吹塑薄膜

GB 5749 生活饮用水卫生标准

GB 4285 农药安全使用标准

NY/T 1742 食用菌菌种通用技术要求

NY 5099 无公害食品　食用菌栽培基质安全技术要求

NY 5358 无公害食品　食用菌产地环境条件

QB 1956 聚丙烯吹塑薄膜

3　产地环境

3.1　场地要求

生产场地应符合 NY 5358 规定的要求，并应清洁卫生、排水方便，交通方便，树冠 3 m 以上为宜，有饮用水源。

3.2　栽培场所

3.2.1　林下搭建坡棚或拱棚，上面应配备调节温度和光线的草帘、遮阳网等覆盖物。

3.2.2　坡棚或拱棚可封闭、通风良好。

4　栽培技术

4.1　生产季节

生产季节安排应符合表 1 的要求。

表 1　生产季节的要求

制袋期	菌丝培养期	菌棒入畦覆土时间	出菇期
11～12 月	11 月至翌年 3 月	3～5 月	5～9 月

4.2　培养料准备

4.2.1　培养料

培养料应符合 NY 5099 规定的要求。适用培养料如下：

a)主料：板栗树木屑、棉籽壳；

b)辅料:麦麸、玉米粉;

c)添加剂:石膏、白砂糖。

4.2.2　配方及用水

4.2.2.1　常用配方如下:

a)板栗树木屑78%,麦麸20%,白砂糖1%,石膏1%;

b)板栗树木屑78%,麦麸15%,玉米粉5%,白砂糖1%,石膏1%;

c)板栗树木屑40%,棉籽壳40%,玉米粉8%,麦麸10%,石膏1%,白砂糖1%。

4.2.2.2　含水量60%～62%,感官以手攥时,指缝含水但不能滴出为度。

4.2.2.3　拌料用水符合GB 5749规定。

4.2.3　塑料袋

应符合GB/T 4456或QB 1956规定的要求。

4.3　制备

4.3.1　过筛处理

板栗树木屑使用前过筛去除过大和可扎破塑料袋的尖锐颗粒。

4.3.2　拌料

原材料按配方比例配比混合,搅拌均匀。

4.3.3　装袋

手工或机械装袋,压实,并封好袋口。塑料袋选用17 cm×(33～37) cm规格的高密度低压聚乙烯(HOPE)料或聚丙烯

(PP)料薄膜袋,厚度0.04～0.06 mm。

4.3.4　灭菌

培养料拌好至装袋完毕应在6 h之内完成,随后立即装筐上锅开始灭菌,常压灭菌料袋内温度达98℃以上保持12～14 h,或者高压灭菌0.13～0.14 MPa、125～127℃保持2～3 h。

4.3.5　冷却

灭菌完毕后,整筐出锅,在洁净无尘场所冷却。当袋温下降至28℃以下方可进行接种。

4.4　菌种

4.4.1　品种选择

选用适宜本地栽培的品种。

4.4.2　菌种质量

菌种质量应符合NY/T 1742规定。

4.4.3　接种

选用适龄菌种,先将袋(瓶)外壁用消毒剂(75%酒精或0.1%高锰酸钾)擦拭并消毒,按无菌操作要求接种。

4.4.4　发菌期管理

4.4.4.1　发菌室环境条件控制

发菌室要求干燥、洁净、通风良好,避免直射光,使用前应进行空间消毒,并能进行温度调控:

a)温度:保持室内温度22～24℃,控制袋内料温低于28℃。料温超过28℃时,应及时采取降温措施;

b)空气相对湿度:50%～70%;

c)光线强度:除检查外,保持室内黑暗;

d)通风:保持环境空气新鲜,通风时间和次数根据设施和季节温度灵活掌握。

4.4.4.2　发菌管理

4.4.4.2.1　菌丝培养期间菌袋码垛不超过 4 层,或“井”字形交叉重叠码放。培养期间满足 4.4.4.1 的要求。

4.4.4.2.2　发菌期间,每隔 10～15 d 倒垛 1 次。倒垛时做到上下、里外、侧向相互对调使温度均匀一致。及时捡出污染菌袋并移出室外。

4.4.4.2.3　记录菌丝长满日期,菌丝满袋后再培养10～15 d。

4.5　场地处理

4.5.1　场地使用前应清洁整理,清除杂物、杂草等。

4.5.2　平整土地。

4.6　挖畦

林下挖成东西走向的小畦或顺地势挖畦,畦长 2.5～3 m,宽(40±3) cm,深(25±2) cm,畦间距(80±5) cm,畦行距(100±5) cm,在畦的四周筑成宽(15±2) cm、高(10±1.5) cm 的土埂,以便挡水,深层土(生土)堆放一边做覆土用。畦做好后曝晒 2～3 d。

4.7　灌水

栽培前 2～3 d 天将畦灌一次大水,灌水量视土壤的墒情而定，土壤干旱和保墒能力差的灌满畦为止，反之少灌一些。

4.8 消毒

水渗干后在畦内每平方米撒 0.5～0.6 kg 生石灰粉进行消毒。

4.9 菌袋摆放

将菌袋脱掉，单层直立紧密摆放于畦内，上面平齐。

4.10 覆土

取地表 20～25 cm 以下非耕作层土壤作为覆土材料，覆土厚度 1.5～2.0 cm。

4.11 浇水

覆土后浇足水。

4.12 石子摆放

水渗下后畦面不平的地方用土找平，上面摆放直径2.5～3.5 cm 大小的石子，间隔 3～5 cm，以减少出菇时栗蘑菇柄上的泥土。

4.13 搭建菇棚

搭建菇棚分拱形棚和坡形棚，菇棚大于栽培畦 15～25 cm，高度 50～60 cm。

4.14 头潮菇管理

4.14.1 催蕾

催蕾期间菇棚白天要有强散射光透入，夜间放下塑料薄膜保温、保湿，促使原基迅速形成，并逐步分化成幼菇。

4.14.2　温度

温度控制在白天 22～26℃，夜间 20℃以上。

4.14.3　湿度

空气相对湿度 85%～95%。

4.14.4　水分管理

喷水要灵活掌握，根据天气和菇棚内湿度而定，不能直接向原基上喷水；需要浇大水时让水从畦的一端流到另一端。

4.14.5　通风

应保持栽培场所通风良好，通风时间和次数根据设施和季节温度灵活掌握。

4.14.6　遮阴管理

菇棚遮阴根据天气情况及时进行调节，春季透光率为 30%～40%，夏季为 10%～20%。

4.15　采收

4.15.1　采收时间

灰树花背面形成菌孔即为成熟，菌孔刚形成为采摘最佳时期，采收前 1 d 停止浇（喷）水。

4.15.2　采摘方法

采摘时将两手或一手伸平，抓住菌柄基部，用力向上抬起，然后用小刀将上面的泥土等杂物去掉。

4.15.3　清洁整理

采收后要及时清理菇根残留物，并将菇根部补土 1.5～

2.0 cm。

4.16 二至三潮菇管理

4.16.1 养菌

采摘后通风干燥5～7 d，菌丝恢复后浇大水。

4.16.2 催蕾

按4.14.1进行管理。

4.16.3 出菇管理

按4.14.2～4.14.6进行管理。

4.16.4 采收

按4.15进行管理。

5 病虫害防治

5.1 原则

应贯彻"预防为主，综合防治"的植保方针，优先使用农业防治和物理防治措施，用药时应符合GB 4285的相关规定。

5.2 杂菌防治

在菌丝培养和出菇阶段防止菇棚内出现高温高湿环境，保持通风、清洁，降低杂菌污染。

5.3 虫害防治

5.3.1 可用黑光灯、频振式杀虫灯、粘虫板等诱杀害虫。

5.3.2 定期灭虫，及时清除污染袋运走远离出菇场地。

参 考 文 献

[1] 王莉,商丽颖,等.栗蘑高效栽培技术.黑龙江农业科学,2011,11:163-164

[2] 暴增海,杨辉德,王莉.食用菌栽培学.北京:中国农业科学技术出版社,2010

[3] 常明昌.食用菌栽培学.北京:中国农业出版社,2003

[4] 陈士瑜.食用菌生产大全.北京:农业出版社,1988

[5] 崔颂英.食用菌生产与加工.北京:中国农业出版社,2007

[6] 李玉.中国食用菌产业的发展态势.食药用菌,2011,19(1):1-5

[7] 黄年来,林志彬.中国食药用菌学.上海:上海科学技术文献出版社,2010

[8] 黄毅.食用菌栽培.北京:高等教育出版社,1988

[9] 任清,李守勉.食用菌栽培与加工.北京:中国农业科学技术出版社,2014

[10] 王贺祥.食用菌栽培学.北京:中国农业大学出版社,2008